하루를 준비하는

아침 5분수학

계산편

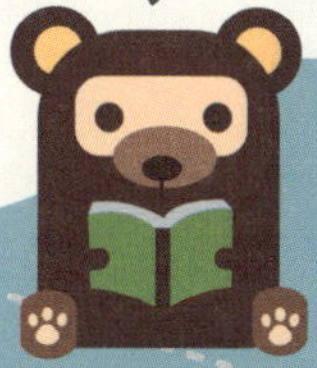

아침5분수학(계산편)의 소개

스스로 알아서 하는 아침5분수학으로 기운찬 하루를 보내자!!!
매일 아침, 아침 밥을 먹으면 하루를 건강하게 보낼 수 있습니다.
마찬가지로, 매일 아침 5분의 계산 연습은 기운찬 하루를 보내게해 줄 것입니다.
매일 아침의 훈련으로 공부에 눈을 뜨는 버릇이 몸에 배게 되어,
스스로 공부하는 습관이 생기게 됩니다.
읽는 습관과 쓰는 습관으로 하루를 계획하고,
준비해서 매일 아침을 상쾌하게 시작하세요.

아침5분수학(계산편)의 활용

1. 아침 학교 가기전 집에서 하루를 준비하세요.
2. 등교후 1교시 수업전 학교에서 풀고, 수업 준비를 완료하세요.
3. 수학시간 전 휴식시간에 수학 수업 준비 마무리용으로 활용 하세요.
4. 학년별 학기용으로 이해하기 쉬운 내용으로 구성되어 학기 시작전 예습용이나 단기 복습용으로 활용하세요.
5. 계산력 연습용과 하루 일과 준비를 할 수 있는 이 교재로 몇달 후 달라진 모습을 기대 하세요.

꿈을 향한 나의 목표

HAPPY

나는　　　　　　　(하)고　　　　　　　한

(이)가 될거예요!

공부의 목표

예체능의 목표

생활의 목표

건강의 목표

나의 목표를 꼼꼼히 세우고, 목표를 달성하기위해 노력해요^^

♥ **공부**의 목표를 달성하기 위해

1.

2.

3.

할거예요.

🍊 **예체능**의 목표를 달성하기 위해

1.

2.

3.

할거예요.

🌲 **생활**의 목표를 달성하기 위해

1.

2.

3.

할거예요.

🐥 **건강**의 목표를 달성하기 위해

1.

2.

3.

할거예요.

🍎 나의 목표를 꼼꼼히 세우고, 목표를 달성하기위해 노력해요^^

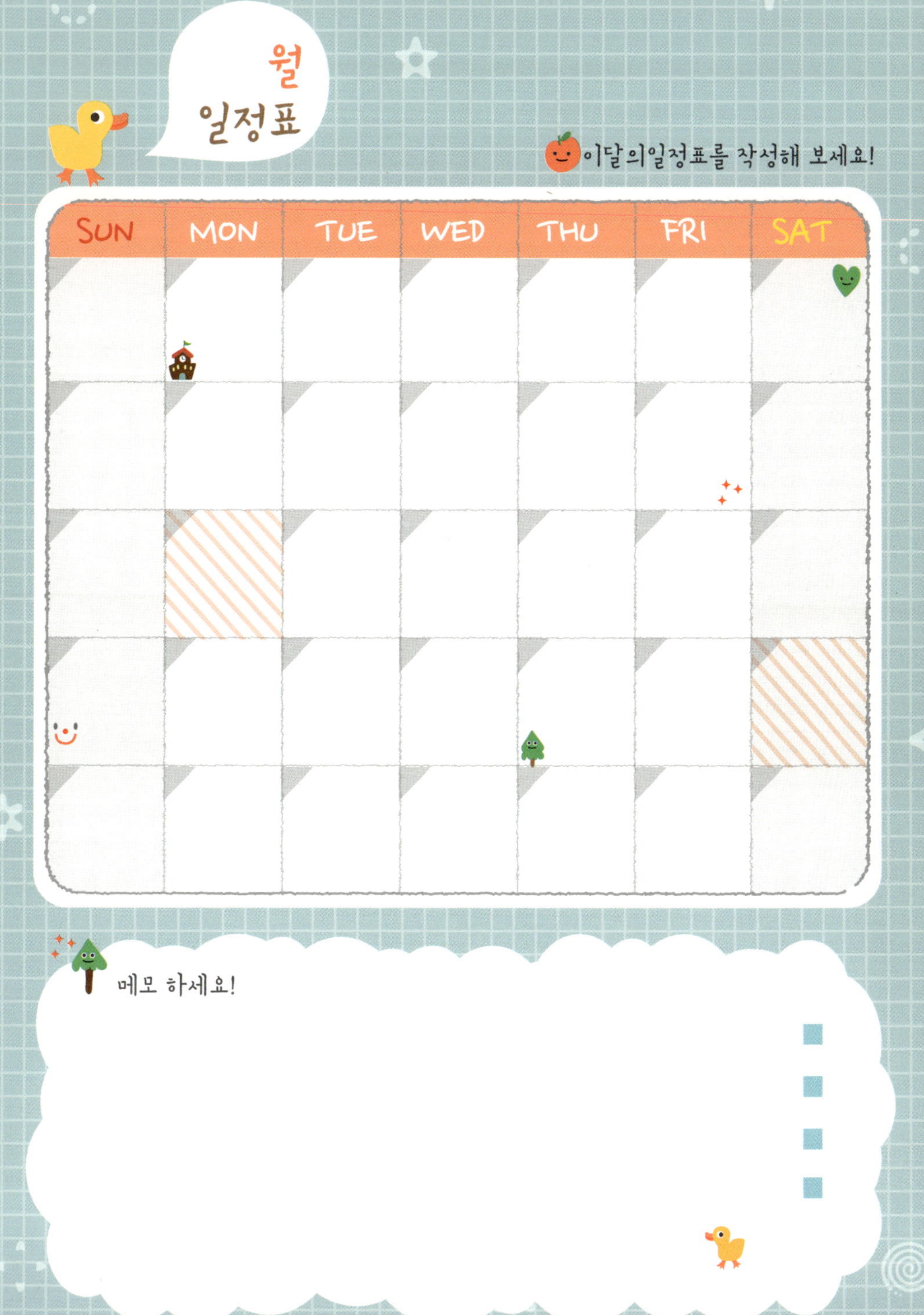
월
일정표
이달의일정표를 작성해 보세요!

SUN	MON	TUE	WED	THU	FRI	SAT

메모 하세요!

일주일 일기장

일요일 저녁에 적으세요.

[   ] 월 [   ] 일

| 재미있었던 과목 | 친하게 지낸 친구 | 하고 싶은 일 | 잘 못한 일 |

기억에 남는 일

다음주 각오

[   ] 월 [   ] 일

| 재미있었던 과목 | 친하게 지낸 친구 | 하고 싶은 일 | 잘 못한 일 |

기억에 남는 일

다음주 각오

[   ] 월 [   ] 일

| 재미있었던 과목 | 친하게 지낸 친구 | 하고 싶은 일 | 잘 못한 일 |

기억에 남는 일

다음주 각오

[   ] 월 [   ] 일

| 재미있었던 과목 | 친하게 지낸 친구 | 하고 싶은 일 | 잘 못한 일 |

기억에 남는 일

다음주 각오

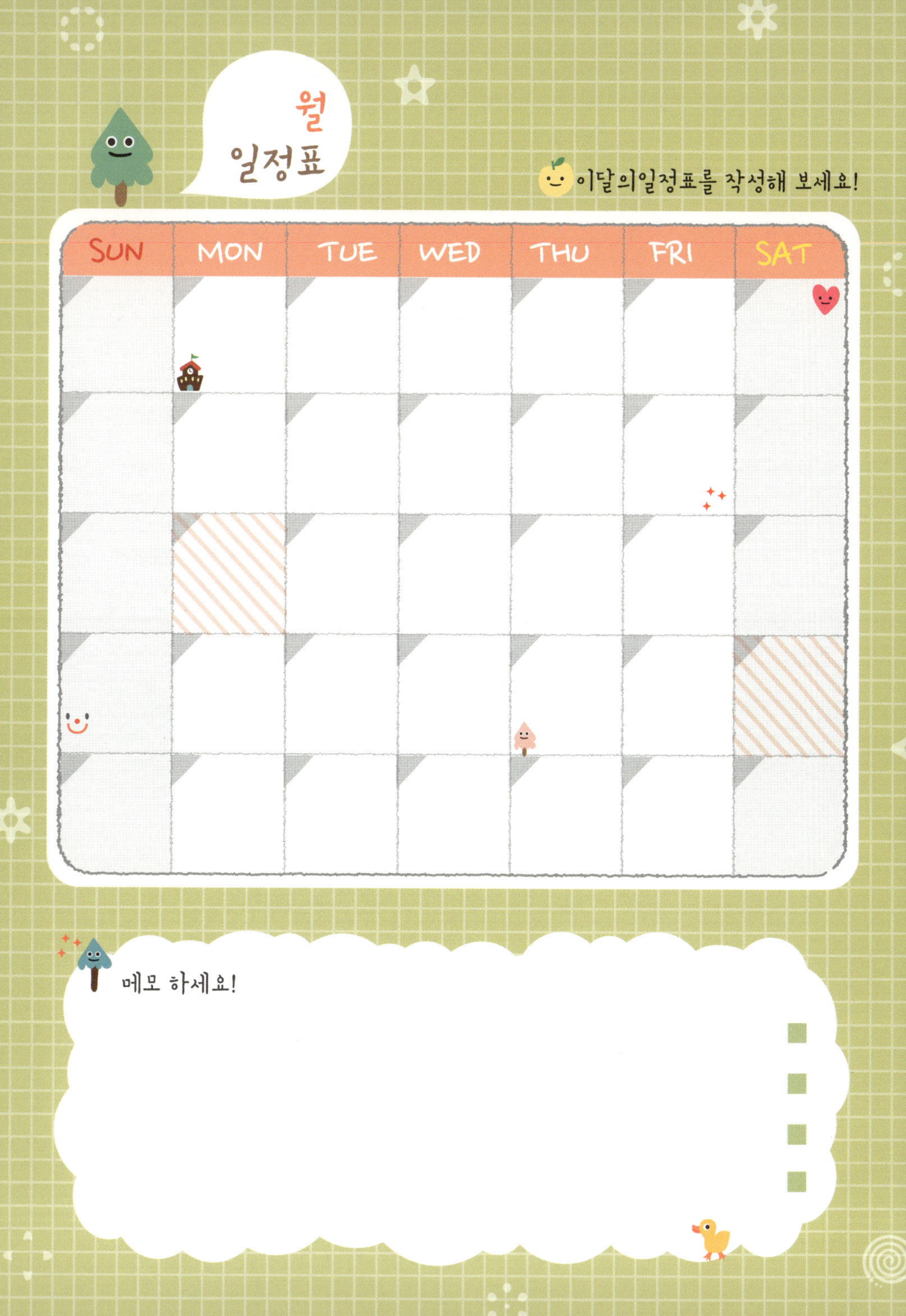

월
일정표
이달의일정표를 작성해 보세요!
SUN MON TUE WED THU FRI SAT
메모 하세요!

일주일 일기장

일요일 저녁에 적으세요.

[   ] 월 [   ] 일

재미있었던 과목

친하게 지낸 친구

하고 싶은 일

잘 못한 일

기억에 남는 일

다음주 각오

[   ] 월 [   ] 일

재미있었던 과목

친하게 지낸 친구

하고 싶은 일

잘 못한 일

기억에 남는 일

다음주 각오

[   ] 월 [   ] 일

재미있었던 과목

친하게 지낸 친구

하고 싶은 일

잘 못한 일

기억에 남는 일

다음주 각오

[   ] 월 [   ] 일

재미있었던 과목

친하게 지낸 친구

하고 싶은 일

잘 못한 일

기억에 남는 일

다음주 각오

월
일정표
이달의일정표를 작성해 보세요!
SUN MON TUE WED THU FRI SAT
메모 하세요!

일주일 일기장

일요일 저녁에 적으세요.

[ ]월 [ ]일

| 재미있었던 과목 | 친하게 지낸 친구 | 하고 싶은 일 | 잘 못한 일 |

기억에 남는 일

다음주 각오

[ ]월 [ ]일

| 재미있었던 과목 | 친하게 지낸 친구 | 하고 싶은 일 | 잘 못한 일 |

기억에 남는 일

다음주 각오

[ ]월 [ ]일

| 재미있었던 과목 | 친하게 지낸 친구 | 하고 싶은 일 | 잘 못한 일 |

기억에 남는 일

다음주 각오

[ ]월 [ ]일

| 재미있었던 과목 | 친하게 지낸 친구 | 하고 싶은 일 | 잘 못한 일 |

기억에 남는 일

다음주 각오

아침5분수학 (계산편)의 차례 4학년 2학기

(부록) 집중 계산력 연습 8회분

아침5분수학 (계산편)의 구성

1회분이 앞면, 뒷면으로 되어 있습니다.

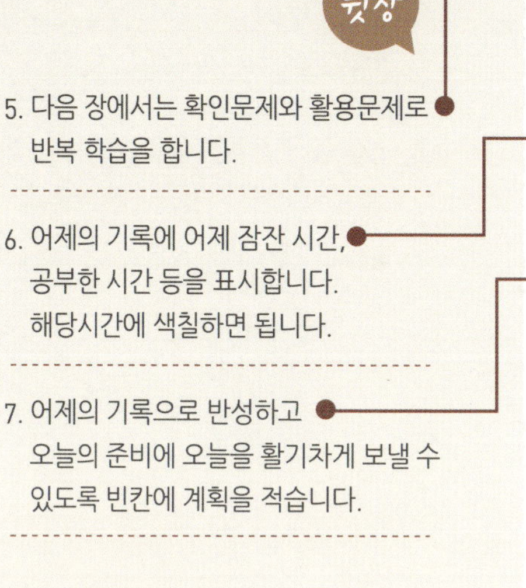

1. 그날 학습할 내용을 소리 내 읽습니다.

2. 그다음 소리 내 읽으며 계산 연습을 합니다.
   계산을 시작하기 전, 시계로 시간을 잽니다.

3. 끝났으면, 걸린 시간을 적습니다.

4. 스스로 답을 맞히고, 맞힌 개수를 써넣습니다.
   틀린 문제는 다시 풀어봅니다.

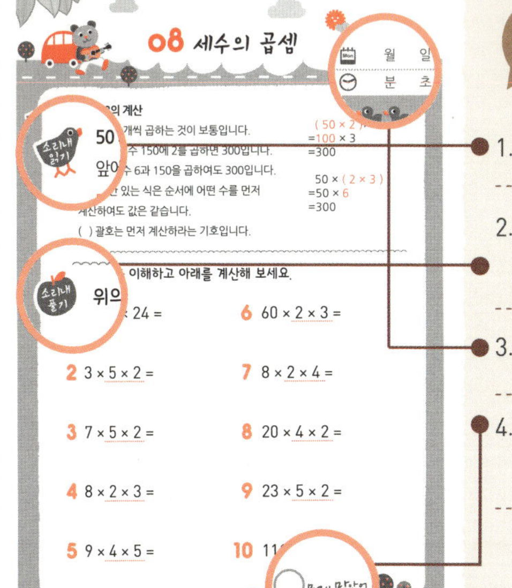

5. 다음 장에서는 확인문제와 활용문제로
   반복 학습을 합니다.

6. 어제의 기록에 어제 잠잔 시간,
   공부한 시간 등을 표시합니다.
   해당시간에 색칠하면 됩니다.

7. 어제의 기록으로 반성하고
   오늘의 준비에 오늘을 활기차게 보낼 수
   있도록 빈칸에 계획을 적습니다.

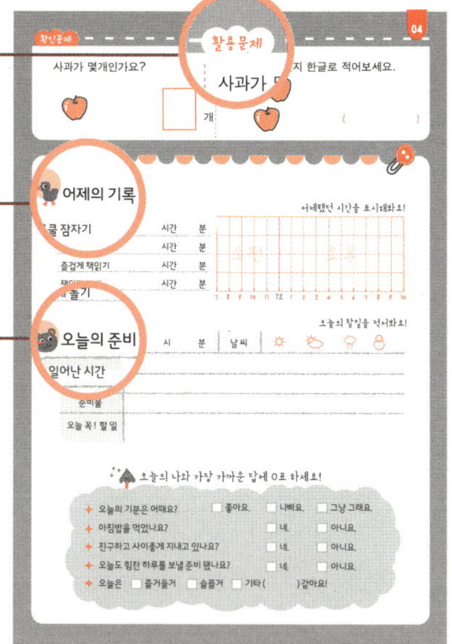

01 진분수의 덧셈(1)

소리내 읽기

분모가 같은 진분수의 덧셈

분모는 그대로 쓰고, 분자끼리 더합니다.

$\dfrac{1}{4}$은 $\dfrac{1}{4}$이 1개이고, $\dfrac{2}{4}$는 $\dfrac{1}{4}$이 2개입니다.

$\dfrac{1}{4} + \dfrac{2}{4}$는 $\dfrac{1}{4}$이 (1+2)개 있는 것이므로

$\dfrac{1}{4}$이 3개면 $\dfrac{3}{4}$ 입니다. (진분수: 분자가 분모보다 작은 분수)

$\dfrac{1}{4}$이 1개 $\dfrac{1}{4}$이 2개 $\dfrac{1}{4}$이 (1+2)개

$\dfrac{1}{4} + \dfrac{2}{4} = \dfrac{1+2}{4} = \dfrac{3}{4}$

소리내 풀기

위의 내용을 다시 한번 더 읽고 아래를 풀어보세요.

1 $\dfrac{2}{5} + \dfrac{1}{5} = \dfrac{\square + \square}{5} = \dfrac{\square}{5}$

2 $\dfrac{1}{3} + \dfrac{1}{3} = \dfrac{1+1}{\square} = \dfrac{\square}{3}$

3 $\dfrac{2}{7} + \dfrac{3}{7} =$

4 $\dfrac{2}{8} + \dfrac{3}{8} =$

5 $\dfrac{1}{6} + \dfrac{4}{6} =$

6 $\dfrac{5}{12} + \dfrac{1}{12} =$

7 $\dfrac{3}{10} + \dfrac{4}{10} =$

8 $\dfrac{2}{9} + \dfrac{4}{9} =$

9 $\dfrac{10}{25} + \dfrac{12}{25} =$

10 $\dfrac{19}{27} + \dfrac{6}{27} =$

18문제 중   문제 맞았어!

11 $\dfrac{1}{6} + \dfrac{3}{6} =$

12 $\dfrac{2}{9} + \dfrac{5}{9} =$

13 $\dfrac{5}{11} + \dfrac{4}{11} =$

14 $\dfrac{1}{17} + \dfrac{9}{17} =$

15 $\dfrac{7}{24} + \dfrac{14}{24} =$

16 $\dfrac{16}{35} + \dfrac{15}{35} =$

17 $\dfrac{25}{52} + \dfrac{19}{52} =$

18 $\dfrac{36}{99} + \dfrac{29}{99} =$

 어제의 기록

어제했던 시간을 표시해봐요!

쿨쿨 잠자기	시	분
열심히 공부하기	시간	분
즐겁게 책읽기	시간	분
잼있게 놀기	시간	분

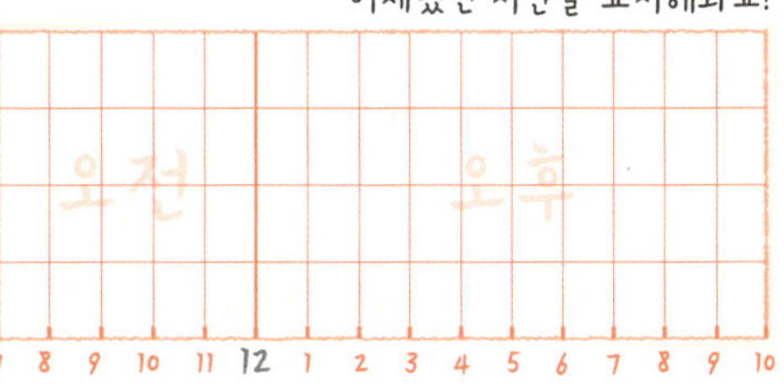

오늘의 준비

오늘의 할일을 적어봐요!

일어난 시간	시	분	날 씨	☀	⛅	🌧	☃
숙제							
공부							
준비물							
오늘 꼭! 할일							

O2 진분수의 덧셈(2)

계산한 값이 가분수이면, 항상 대분수로 고칩니다.

분수의 계산에서 계산한 답이 가분수로 나오면
반드시 대분수로 고쳐야 합니다.
대분수로 고치지 않으면 틀린 답이 됩니다.
대분수로 고치는 법은 분자를 분모로 나눈 몫이
자연수 부분이 되고, 나머지가 분자가 됩니다.
(가분수: 분자가 분모보다 크거나 같은 분수)

$$\frac{4}{5} + \frac{3}{5} = \frac{4+3}{5} = \frac{7}{5} = 1\frac{2}{5}$$

$7 \div 5 = 1 \cdots 2$

계산은 수를 간단히 만드는 과정입니다.
가분수를 더 간단히 만들 수 있는 대분수가 있으
므로 가분수로 계산을 끝내면 계산을 중간에 끝낸
것이기 때문에 틀린 답이 됩니다.

위의 내용을 다시 한번 더 읽고, 아래를 풀어보세요.

1 $\dfrac{3}{4} + \dfrac{2}{4} = \dfrac{\boxed{}+\boxed{}}{4} = \dfrac{\boxed{}}{4} = \boxed{}\dfrac{\boxed{}}{4}$

2 $\dfrac{4}{6} + \dfrac{5}{6} = \dfrac{4+5}{\boxed{}} = \dfrac{\boxed{}}{6} = \boxed{}\dfrac{\boxed{}}{6}$

3 $\dfrac{5}{7} + \dfrac{3}{7} =$

6 $\dfrac{8}{9} + \dfrac{7}{9} =$

4 $\dfrac{6}{8} + \dfrac{5}{8} =$

7 $\dfrac{15}{17} + \dfrac{13}{17} =$

5 $\dfrac{4}{5} + \dfrac{4}{5} =$

8 $\dfrac{19}{26} + \dfrac{15}{26} =$

16문제중 문제 맞았어!

$9 \quad \dfrac{5}{6} + \dfrac{4}{6} =$

$10 \quad \dfrac{8}{9} + \dfrac{7}{9} =$

$11 \quad \dfrac{7}{11} + \dfrac{8}{11} =$

$12 \quad \dfrac{16}{17} + \dfrac{9}{17} =$

$13 \quad \dfrac{17}{24} + \dfrac{21}{24} =$

$14 \quad \dfrac{23}{35} + \dfrac{19}{35} =$

$15 \quad \dfrac{25}{52} + \dfrac{38}{52} =$

$16 \quad \dfrac{69}{99} + \dfrac{56}{99} =$

어제의 기록

어제했던 시간을 표시해봐요!

쿨쿨 잠자기	시	분
열심히 공부하기	시간	분
즐겁게 책읽기	시간	분
잼있게 놀기	시간	분

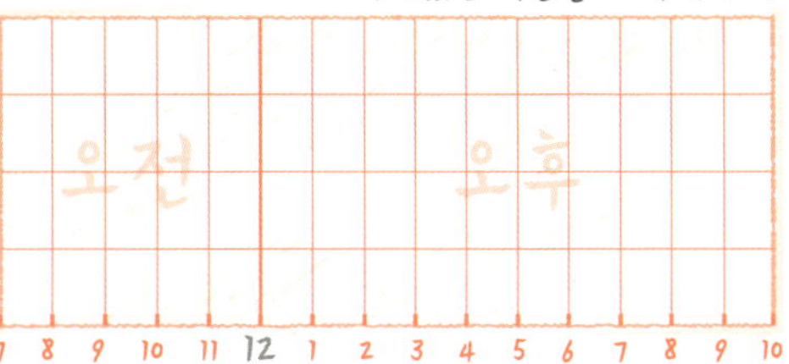

오늘의 준비

오늘의 할일을 적어봐요!

일어난 시간	시	분	날씨				
숙제							
공부							
준비물							
오늘 꼭! 할일							

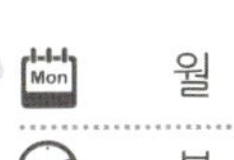

03 진분수의 덧셈(연습)

앞의 내용을 생각하면서, 아래 문제를 풀어보세요.

1 $\dfrac{1}{3} + \dfrac{1}{3} =$

2 $\dfrac{1}{4} + \dfrac{2}{4} =$

3 $\dfrac{2}{5} + \dfrac{1}{5} =$

4 $\dfrac{2}{8} + \dfrac{3}{8} =$

5 $\dfrac{1}{11} + \dfrac{6}{11} =$

6 $\dfrac{13}{27} + \dfrac{10}{27} =$

7 $\dfrac{13}{35} + \dfrac{18}{35} =$

8 $\dfrac{2}{3} + \dfrac{2}{3} =$

9 $\dfrac{2}{4} + \dfrac{3}{4} =$

10 $\dfrac{3}{5} + \dfrac{4}{5} =$

11 $\dfrac{7}{8} + \dfrac{3}{8} =$

12 $\dfrac{8}{11} + \dfrac{5}{11} =$

13 $\dfrac{19}{27} + \dfrac{22}{27} =$

14 $\dfrac{28}{35} + \dfrac{17}{35} =$

22 문제 중 ◯ 문제 맞았어!

15 $\dfrac{1}{9} + \dfrac{3}{9} =$

16 $\dfrac{2}{12} + \dfrac{5}{12} =$

17 $\dfrac{5}{18} + \dfrac{3}{18} =$

18 $\dfrac{11}{19} + \dfrac{3}{19} =$

19 $\dfrac{23}{24} + \dfrac{15}{24} =$

20 $\dfrac{19}{35} + \dfrac{27}{35} =$

21 $\dfrac{36}{52} + \dfrac{35}{52} =$

22 $\dfrac{69}{90} + \dfrac{46}{90} =$

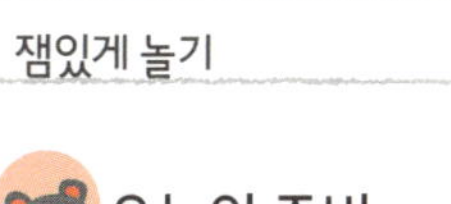 어제의 기록

어제했던 시간을 표시해봐요!

쿨쿨 잠자기	시	분
열심히 공부하기	시간	분
즐겁게 책읽기	시간	분
잼있게 놀기	시간	분

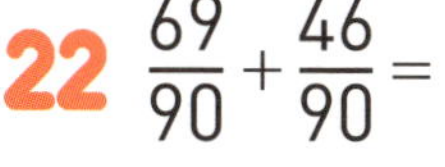

 오늘의 준비

오늘의 할일을 적어봐요!

일어난 시간	시	분	날씨	☀	⛅	🌧	⛄
숙제							
공부							
준비물							
오늘 꼭! 할일							

04 대분수의 덧셈(1)

소리내 읽기

분모가 같은 대분수의 덧셈

자연수와 진분수의 부분으로 나누어 끼리끼리 더합니다.

$$1\frac{2}{4}+2\frac{3}{4}=(1+2)+\left(\frac{2}{4}+\frac{3}{4}\right)$$
$$=3+\frac{5}{4}=3+1\frac{1}{4}=4\frac{1}{4}$$

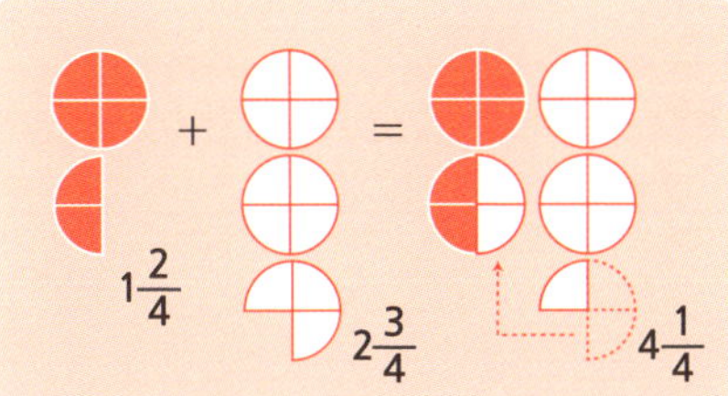

소리내 풀기

위의 내용을 다시 한번 더 읽고 아래를 풀어보세요.

1 $2\frac{2}{4}+1\frac{1}{4}=(\square+\square)+\left(\dfrac{\square}{4}+\dfrac{\square}{4}\right)=\square\dfrac{\square}{4}$

2 $1\frac{2}{5}+3\frac{1}{5}=(\square+\square)+\left(\dfrac{\square}{5}+\dfrac{\square}{5}\right)=\square\dfrac{\square}{5}$

3 $1\frac{3}{7}+2\frac{2}{7}=$

4 $2\frac{4}{8}+3\frac{1}{8}=$

5 $2\frac{1}{6}+2\frac{3}{6}=$

6 $5\frac{8}{9}+1\frac{5}{9}=$

7 $4\frac{9}{15}+\frac{13}{15}=$

8 $\frac{18}{27}+3\frac{12}{27}=$

16문제 중 ○ 문제 맞았어!

9 $1\dfrac{1}{8}+2\dfrac{3}{8}=$

10 $2\dfrac{2}{6}+1\dfrac{3}{6}=$

11 $3\dfrac{3}{16}+2\dfrac{1}{16}=$

12 $2\dfrac{3}{37}+4\dfrac{2}{37}=$

13 $3\dfrac{8}{12}+2\dfrac{9}{12}=$

14 $2\dfrac{7}{15}+3\dfrac{9}{15}=$

15 $1\dfrac{11}{20}+2\dfrac{18}{20}=$

16 $1\dfrac{16}{25}+2\dfrac{15}{25}=$

 어제의 기록

어제했던 시간을 표시해봐요!

쿨쿨 잠자기	시	분
열심히 공부하기	시간	분
즐겁게 책읽기	시간	분
잼있게 놀기	시간	분

오전   오후

7 8 9 10 11 12 1 2 3 4 5 6 7 8 9 10

오늘의 준비

오늘의 할일을 적어봐요!

일어난 시간	시	분	날 씨	☀	⛅	🌧	☃
숙 제							
공 부							
준비물							
오늘 꼭! 할 일							

O5 대분수의 덧셈(2)

 **대분수를 가분수로 고쳐서 계산합니다.**

가분수로 만들어 분모가 같은 분수의 덧셈으로 고쳐서 계산합니다. 꼭 답은 대분수로 씁니다.

$$1\frac{2}{4}+2\frac{3}{4}=\frac{6}{4}+\frac{11}{4}=\frac{17}{4}=4\frac{1}{4}$$

대분수의 덧셈을 푸는 2가지 방법 중 편한 방법을 사용하면 되지만 답은 꼭 대분수로 써야 합니다.

$$1\frac{2}{4}+2\frac{3}{4}=4\frac{1}{4}$$
$$\frac{6}{4}+\frac{11}{4}=\frac{17}{4}=4\frac{1}{4}$$

6개 + 11개 = 17개

$\frac{1}{4}$ 이 17개 = $4\frac{1}{4}$

 **위의 내용을 다시 한번 더 읽고, 같은 방법으로 아래를 풀어보세요.**

1 $2\frac{3}{5}+1\frac{1}{5}=\left(\boxed{}+\boxed{}\right)+\left(\dfrac{\boxed{}}{5}+\dfrac{\boxed{}}{5}\right)=\boxed{}\dfrac{\boxed{}}{5}$

2 $2\frac{3}{5}+1\frac{1}{5}=\dfrac{\boxed{}}{5}+\dfrac{\boxed{}}{5}=\dfrac{\boxed{}}{5}=\boxed{}\dfrac{\boxed{}}{5}$

3 $1\frac{2}{7}+2\frac{1}{7}=$

4 $2\frac{4}{8}+3\frac{3}{8}=$

5 $2\frac{2}{6}+2\frac{2}{6}=$

6 $2\frac{7}{9}+1\frac{5}{9}=$

7 $1\frac{9}{15}+\frac{4}{15}=$

8 $\frac{11}{27}+1\frac{5}{27}=$

16문제 중 ◯ 문제 맞았어!

9 $1\dfrac{3}{8}+2\dfrac{4}{8}=$

10 $2\dfrac{1}{6}+1\dfrac{3}{6}=$

11 $3\dfrac{2}{17}+2\dfrac{1}{17}=$

12 $2\dfrac{4}{29}+1\dfrac{3}{29}=$

13 $3\dfrac{5}{7}+2\dfrac{3}{7}=$

14 $2\dfrac{7}{16}+3\dfrac{14}{16}=$

15 $1\dfrac{19}{25}+2\dfrac{24}{25}=$

16 $1\dfrac{26}{30}+\dfrac{15}{30}=$

어제의 기록

어제했던 시간을 표시해봐요!

쿨쿨 잠자기	시	분
열심히 공부하기	시간	분
즐겁게 책읽기	시간	분
잼있게 놀기	시간	분

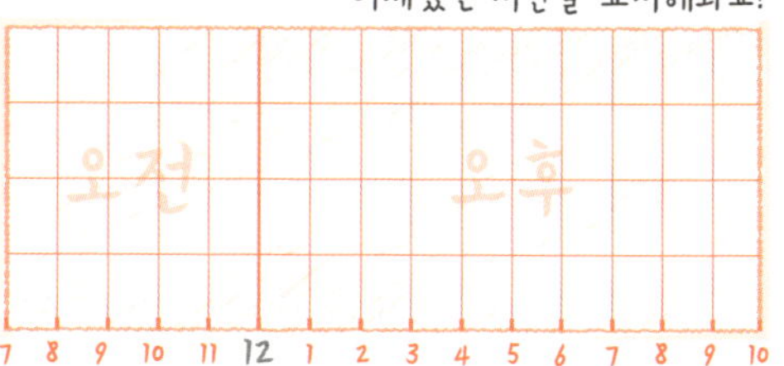

오늘의 준비

오늘의 할일을 적어봐요!

일어난 시간	시	분	날 씨	☀	⛅	🌧	⛄
숙 제							
공 부							
준비물							
오늘 꼭! 할일							

06 대분수의 덧셈(연습)

소리내 풀기

앞의 내용을 생각하면서, 아래 문제를 풀어보세요.

1 $1\dfrac{2}{6} + \dfrac{1}{6} =$

2 $3\dfrac{3}{9} + 1\dfrac{4}{9} =$

3 $\dfrac{3}{4} + 2\dfrac{2}{4} =$

4 $2\dfrac{4}{5} + 1\dfrac{3}{5} =$

5 $1\dfrac{5}{7} + 2\dfrac{2}{7} =$

6 $2\dfrac{7}{11} + 1\dfrac{5}{11} =$

7 $\dfrac{7}{16} + 2\dfrac{5}{16} =$

8 $3\dfrac{7}{14} + 2\dfrac{5}{14} =$

9 $1\dfrac{7}{18} + 2\dfrac{5}{18} =$

10 $2\dfrac{7}{20} + 4\dfrac{5}{20} =$

11 $\dfrac{3}{8} + 2\dfrac{4}{8} =$

12 $1\dfrac{1}{6} + 3\dfrac{4}{6} =$

13 $3\dfrac{9}{17} + \dfrac{11}{17} =$

14 $2\dfrac{15}{29} + 3\dfrac{17}{29} =$

15 $1\dfrac{5}{7} + 1\dfrac{3}{7} =$

16 $\dfrac{7}{9} + 3\dfrac{4}{9} =$

17 $2\dfrac{19}{30} + 1\dfrac{25}{30} =$

18 $1\dfrac{26}{45} + \dfrac{15}{45} =$

어제의 기록

어제했던 시간을 표시해봐요!

쿨쿨 잠자기	시	분
열심히 공부하기	시간	분
즐겁게 책읽기	시간	분
잼있게 놀기	시간	분

오늘의 준비

오늘의 할일을 적어봐요!

일어난 시간		시	분	날씨				
숙제								
공부								
준비물								
오늘 꼭! 할일								

07 진분수의 뺄셈(1)

분모가 같은 진분수의 뺄셈

분모는 그대로 쓰고, 분자끼리 뺍니다.

$\dfrac{3}{4}$ 은 $\dfrac{1}{4}$ 이 3개이고, $\dfrac{2}{4}$ 는 $\dfrac{1}{4}$ 이 2개 입니다.

$\dfrac{3}{4} - \dfrac{2}{4}$ 는 $\dfrac{1}{4}$ 이 (3-2)개 한 것이므로

$\dfrac{1}{4}$ 이 1개면 $\dfrac{1}{4}$ 입니다

위의 내용을 다시 한번 더 읽고 아래를 풀어보세요.

1 $\dfrac{4}{5} - \dfrac{1}{5} = \dfrac{\boxed{} - \boxed{}}{5} = \dfrac{\boxed{}}{5}$

2 $\dfrac{2}{3} - \dfrac{1}{3} = \dfrac{2-1}{\boxed{}} = \dfrac{\boxed{}}{3}$

3 $\dfrac{6}{7} - \dfrac{3}{7} =$

4 $\dfrac{5}{8} - \dfrac{3}{8} =$

5 $\dfrac{4}{6} - \dfrac{1}{6} =$

6 $\dfrac{5}{12} - \dfrac{1}{12} =$

7 $\dfrac{7}{10} - \dfrac{4}{10} =$

8 $\dfrac{8}{9} - \dfrac{4}{9} =$

9 $\dfrac{21}{25} - \dfrac{12}{25} =$

10 $\dfrac{15}{27} - \dfrac{6}{27} =$

18 문제 중 ◯ 문제 맞았어!

11 $\dfrac{4}{6} - \dfrac{3}{6} =$

12 $\dfrac{7}{9} - \dfrac{5}{9} =$

13 $\dfrac{5}{11} - \dfrac{4}{11} =$

14 $\dfrac{15}{17} - \dfrac{9}{17} =$

15 $\dfrac{21}{24} - \dfrac{14}{24} =$

16 $\dfrac{23}{35} - \dfrac{15}{35} =$

17 $\dfrac{25}{52} - \dfrac{19}{52} =$

18 $\dfrac{36}{99} - \dfrac{29}{99} =$

어제의 기록

어제했던 시간을 표시해봐요!

쿨쿨 잠자기	시	분
열심히 공부하기	시간	분
즐겁게 책읽기	시간	분
잼있게 놀기	시간	분

오늘의 준비

오늘의 할일을 적어봐요!

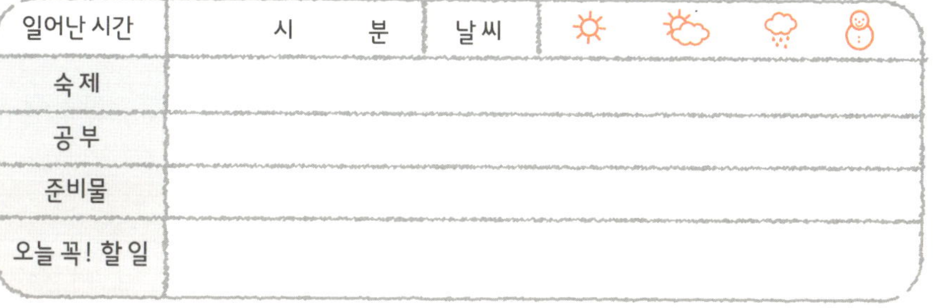

일어난 시간	시	분	날 씨				
숙 제							
공 부							
준비물							
오늘 꼭! 할 일							

08 진분수의 뺄셈(2)

자연수를 가분수로 만들어 빼기

진분수를 뺄 수 없을 때는 자연수에서

1을 가져와 가분수로 고쳐서 계산합니다.

자연수 1을 분모가 5인 분수로 나타내면

$\dfrac{5}{5}$ 가 됩니다.

$$3 - \dfrac{3}{5} = 2 + 1 - \dfrac{3}{5} = 2 + \left(\dfrac{5}{5} - \dfrac{3}{5} \right)$$

$$= 2 + \dfrac{2}{5} = 2\dfrac{2}{5}$$

$$1 = \dfrac{1}{1} = \dfrac{2}{2} = \dfrac{3}{3} = \dfrac{4}{4} = \cdots$$

위의 내용을 다시 한번 더 읽고, 아래를 풀어보세요.

1 $\quad 3 - \dfrac{3}{4} = 2 + \square - \dfrac{3}{4} = 2 + \left(\dfrac{\square}{\square} - \dfrac{3}{4} \right) = \square \dfrac{\square}{4}$

2 $\quad 4 - \dfrac{1}{5} = 3 + \dfrac{\square - \square}{5} = \square \dfrac{\square}{5}$

3 $\quad 2 - \dfrac{1}{3} =$

4 $\quad 1 - \dfrac{1}{6} =$

5 $\quad 3 - \dfrac{2}{5} =$

6 $\quad 5 - \dfrac{5}{9} =$

7 $\quad 7 - \dfrac{7}{8} =$

8 $\quad 4 - \dfrac{3}{7} =$

16문제 중 ☐ 문제 맞았어!

9 $4 - \dfrac{3}{7} =$

10 $3 - \dfrac{5}{9} =$

11 $5 - \dfrac{4}{15} =$

12 $10 - \dfrac{9}{12} =$

13 $6 - \dfrac{14}{21} =$

14 $8 - \dfrac{15}{27} =$

15 $10 - \dfrac{19}{40} =$

16 $9 - \dfrac{29}{50} =$

어제의 기록

어제했던 시간을 표시해봐요!

쿨쿨 잠자기	시	분
열심히 공부하기	시간	분
즐겁게 책읽기	시간	분
잼있게 놀기	시간	분

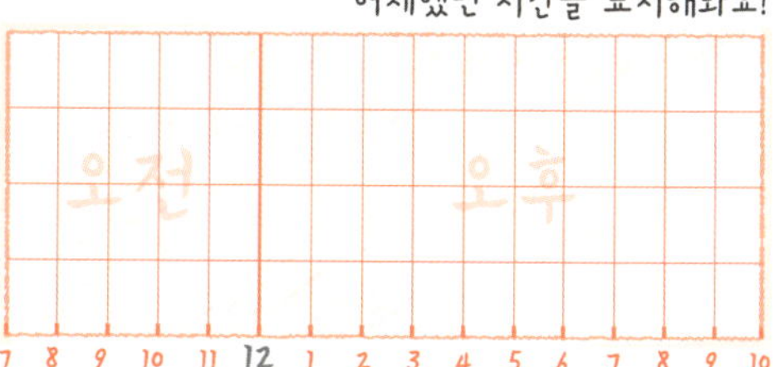

오늘의 준비

오늘의 할일을 적어봐요!

일어난 시간	시	분	날 씨				
숙 제							
공 부							
준비물							
오늘 꼭! 할 일							

09 진분수의 뺄셈(연습)

앞의 내용을 생각해서, 아래 문제를 풀어보세요.

1 $\dfrac{2}{3} - \dfrac{1}{3} =$

2 $\dfrac{3}{4} - \dfrac{2}{4} =$

3 $\dfrac{2}{5} - \dfrac{1}{5} =$

4 $\dfrac{5}{8} - \dfrac{3}{8} =$

5 $\dfrac{10}{11} - \dfrac{6}{11} =$

6 $\dfrac{13}{27} - \dfrac{5}{27} =$

7 $\dfrac{24}{32} - \dfrac{17}{32} =$

8 $1 - \dfrac{2}{3} =$

9 $2 - \dfrac{3}{4} =$

10 $3 - \dfrac{4}{5} =$

11 $7 - \dfrac{3}{8} =$

12 $8 - \dfrac{5}{11} =$

13 $19 - \dfrac{22}{27} =$

14 $28 - \dfrac{17}{32} =$

15 $\dfrac{4}{5} - \dfrac{2}{5} =$

16 $\dfrac{8}{10} - \dfrac{7}{10} =$

17 $\dfrac{13}{15} - \dfrac{8}{15} =$

18 $\dfrac{16}{20} - \dfrac{9}{20} =$

19 $11 - \dfrac{21}{5} =$

20 $19 - \dfrac{19}{10} =$

21 $22 - \dfrac{38}{15} =$

22 $99 - \dfrac{56}{20} =$

 어제의 기록

어제했던 시간을 표시해봐요!

쿨쿨 잠자기	시	분
열심히 공부하기	시간	분
즐겁게 책읽기	시간	분
잼있게 놀기	시간	분

오늘의 준비

오늘의 할일을 적어봐요!

일어난 시간	시	분	날 씨				
숙제							
공부							
준비물							
오늘 꼭! 할일							

10 대분수의 뺄셈(1)

분모가 같은 대분수의 뺄셈

자연수와 진분수 부분으로 나누어 끼리끼리 뺍니다.

$$2\frac{3}{4}-1\frac{2}{4}=(2-1)+\left(\frac{3}{4}-\frac{2}{4}\right)$$
$$=1+\frac{1}{4}=1\frac{1}{4}$$

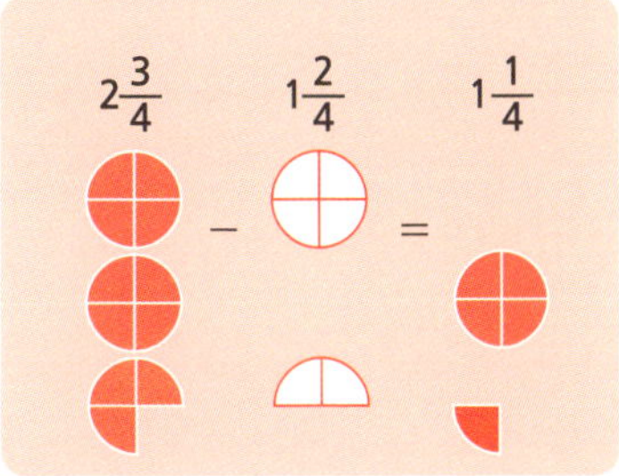

위의 내용을 다시 한번 더 읽고, 같은 방법으로 아래를 풀어보세요.

1 $2\dfrac{2}{3}-1\dfrac{1}{3}=(\square-\square)+\left(\dfrac{\square}{3}-\dfrac{\square}{3}\right)=\square\dfrac{\square}{3}$

2 $3\dfrac{2}{5}-1\dfrac{1}{5}=(\square-\square)+\left(\dfrac{\square}{5}-\dfrac{\square}{5}\right)=\square\dfrac{\square}{5}$

3 $5\dfrac{4}{7}-2\dfrac{2}{7}=$

6 $3\dfrac{8}{9}-1\dfrac{5}{9}=$

4 $4\dfrac{3}{8}-3\dfrac{1}{8}=$

7 $2\dfrac{11}{15}-\dfrac{4}{15}=$

5 $7\dfrac{5}{6}-2\dfrac{3}{6}=$

8 $6\dfrac{23}{27}-\dfrac{5}{27}=$

16문제 중 ☐ 문제 맞았어!

9 $4\dfrac{4}{8} - 2\dfrac{3}{8} =$

10 $3\dfrac{5}{6} - 1\dfrac{3}{6} =$

11 $5\dfrac{3}{16} - \dfrac{1}{16} =$

12 $2\dfrac{3}{37} - 1\dfrac{2}{37} =$

13 $3\dfrac{11}{12} - 2\dfrac{9}{12} =$

14 $6\dfrac{14}{15} - \dfrac{9}{15} =$

15 $5\dfrac{16}{20} - 2\dfrac{8}{20} =$

16 $4\dfrac{21}{25} - 2\dfrac{15}{25} =$

 어제의 기록

어제했던 시간을 표시해봐요!

쿨쿨 잠자기	시	분
열심히 공부하기	시간	분
즐겁게 책읽기	시간	분
잼있게 놀기	시간	분

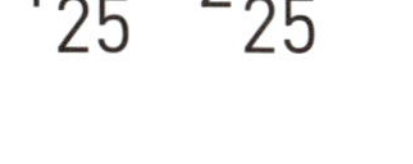

 오늘의 준비

오늘의 할일을 적어봐요!

일어난 시간	시	분	날 씨	☀ ☁ ☂ ⛄
숙 제				
공 부				
준비물				
오늘꼭! 할 일				

11 대분수의 뺄셈(2)

자연수에서 받아내림하여 빼기

진분수끼리 뺄 수 없을 때는 자연수부분에서
1을 받아내림하여 계산합니다.

$$3\frac{1}{4} - 1\frac{2}{4} = 2\frac{5}{4} - 1\frac{2}{4} = (2-1) + \left(\frac{5}{4} - \frac{2}{4}\right)$$
$$= 1 + \frac{3}{4} = 1\frac{3}{4}$$

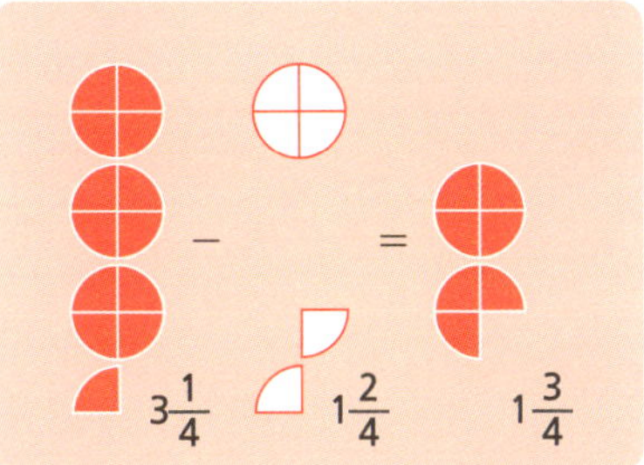

위의 내용을 다시 한번 더 읽고, 같은 방법으로 아래를 풀어보세요.

1 $3\dfrac{1}{3} - 1\dfrac{2}{3} = (\ 2\ - \Box) + \left(\dfrac{\Box}{3} - \dfrac{\Box}{3}\right) = \Box\dfrac{\Box}{3}$

2 $4\dfrac{2}{5} - 1\dfrac{4}{5} = (\Box - \Box) + \left(\dfrac{\Box}{5} - \dfrac{\Box}{5}\right) = \Box\dfrac{\Box}{5}$

3 $5\dfrac{2}{7} - 2\dfrac{5}{7} =$

5 $3\dfrac{3}{9} - 1\dfrac{5}{9} =$

4 $4\dfrac{3}{8} - 3\dfrac{7}{8} =$

6 $2\dfrac{9}{15} - \dfrac{14}{15} =$

7 $4\dfrac{2}{8} - 2\dfrac{3}{8} =$

8 $3\dfrac{1}{6} - 1\dfrac{5}{6} =$

9 $2\dfrac{3}{10} - 1\dfrac{7}{10} =$

10 $3\dfrac{6}{12} - 2\dfrac{9}{12} =$

11 $6\dfrac{7}{15} - \dfrac{11}{15} =$

12 $4\dfrac{7}{20} - 2\dfrac{15}{20} =$

 어제의 기록

어제했던 시간을 표시해봐요!

쿨쿨 잠자기	시	분
열심히 공부하기	시간	분
즐겁게 책읽기	시간	분
잼있게 놀기	시간	분

오전 / 오후

7 8 9 10 11 12 1 2 3 4 5 6 7 8 9 10

오늘의 준비

오늘의 할일을 적어봐요!

일어난 시간	시	분	날씨	☀	⛅	🌧	⛄
숙제							
공부							
준비물							
오늘 꼭! 할일							

12 대분수의 뺄셈(연습)

앞의 내용을 생각해서, 아래 문제를 풀어보세요.

1 $3\dfrac{3}{4} - 1\dfrac{1}{4} =$

6 $2\dfrac{1}{3} - 1\dfrac{2}{3} =$

2 $5\dfrac{2}{3} - 2\dfrac{2}{3} =$

7 $3\dfrac{2}{5} - 1\dfrac{4}{5} =$

3 $4\dfrac{4}{5} - 3\dfrac{3}{5} =$

8 $4\dfrac{1}{4} - 2\dfrac{2}{4} =$

4 $2\dfrac{6}{7} - 1\dfrac{2}{7} =$

9 $5\dfrac{5}{9} - 3\dfrac{6}{9} =$

5 $6\dfrac{5}{6} - 2\dfrac{3}{6} =$

10 $6\dfrac{2}{7} - 2\dfrac{5}{7} =$

16문제 중 ◯문제 맞았어!

11 $5\dfrac{2}{10} - 1\dfrac{3}{10} =$

12 $4\dfrac{1}{14} - 2\dfrac{7}{14} =$

13 $2\dfrac{2}{15} - \dfrac{8}{15} =$

14 $4\dfrac{6}{25} - 1\dfrac{9}{25} =$

15 $5\dfrac{7}{50} - \dfrac{11}{50} =$

16 $4\dfrac{7}{38} - 1\dfrac{15}{38} =$

어제의 기록

어제했던 시간을 표시해봐요!

쿨쿨 잠자기	시	분
열심히 공부하기	시간	분
즐겁게 책읽기	시간	분
잼있게 놀기	시간	분

오전　　　　오후

7 8 9 10 11 12 1 2 3 4 5 6 7 8 9 10

오늘의 준비

오늘의 할일을 적어봐요!

일어난 시간	시	분	날씨				
숙제							
공부							
준비물							
오늘 꼭! 할일							

13 분수의 계산 (연습1)

아래 문제를 풀어보세요.

1 $\dfrac{2}{4} + \dfrac{1}{4} =$

2 $\dfrac{5}{12} + \dfrac{11}{12} =$

3 $\dfrac{4}{5} - \dfrac{3}{5} =$

4 $\dfrac{4}{7} - \dfrac{2}{7} =$

5 $5 - \dfrac{3}{12} =$

6 $4\dfrac{1}{5} + 2\dfrac{3}{5} =$

7 $3\dfrac{5}{8} + 2\dfrac{7}{8} =$

8 $4\dfrac{3}{4} - 2\dfrac{2}{4} =$

9 $5\dfrac{2}{9} - 3\dfrac{7}{9} =$

10 $6 - 2\dfrac{5}{7} =$

16문제 중   문제 맞았어!

11 $3\dfrac{7}{13} + 2\dfrac{8}{13} =$

14 $4\dfrac{6}{27} + 1\dfrac{19}{27} =$

12 $7\dfrac{9}{18} - 4\dfrac{11}{18} =$

15 $5\dfrac{3}{31} - \dfrac{16}{31} =$

13 $2\dfrac{2}{24} - \dfrac{18}{24} =$

16 $4\dfrac{7}{36} - 1\dfrac{15}{36} =$

 어제의 기록

어제했던 시간을 표시해봐요!

쿨쿨 잠자기	시	분
열심히 공부하기	시간	분
즐겁게 책읽기	시간	분
잼있게 놀기	시간	분

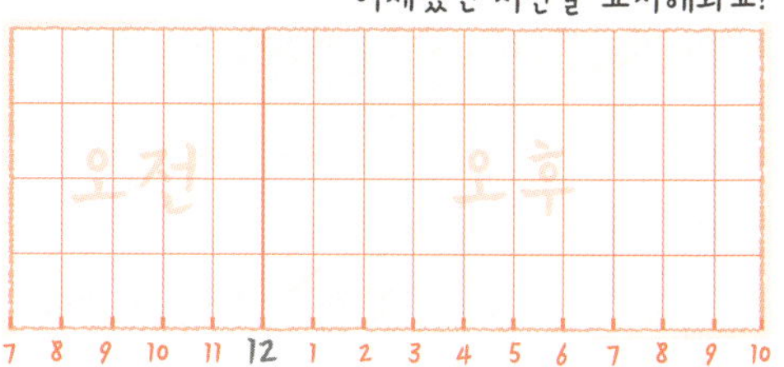

오늘의 준비

오늘의 할일을 적어봐요!

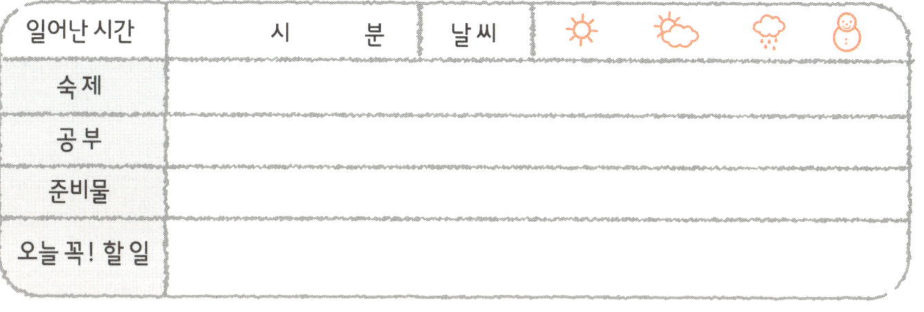

일어난 시간	시	분	날씨				
숙제							
공부							
준비물							
오늘 꼭! 할일							

14 분수의 계산 (연습2)

아래 문제를 풀어보세요.

1 $\dfrac{5}{9} + \dfrac{3}{9} =$

2 $\dfrac{19}{24} + \dfrac{17}{24} =$

3 $\dfrac{17}{36} - \dfrac{9}{36} =$

4 $\dfrac{11}{13} - \dfrac{8}{13} =$

5 $4 - \dfrac{5}{17} =$

6 $6\dfrac{1}{9} + 2\dfrac{3}{9} =$

7 $7\dfrac{5}{17} + 2\dfrac{7}{17} =$

8 $5\dfrac{3}{23} - 2\dfrac{2}{23} =$

9 $7\dfrac{8}{14} - 3\dfrac{11}{14} =$

10 $4 - 2\dfrac{3}{16} =$

16 문제 중 ◯ 문제 맞았어!

11 $3\dfrac{7}{16}+1\dfrac{8}{16}=$

14 $2\dfrac{11}{23}+1\dfrac{17}{23}=$

12 $5\dfrac{9}{17}-1\dfrac{11}{17}=$

15 $5\dfrac{3}{33}-\dfrac{18}{33}=$

13 $3\dfrac{1}{21}-\dfrac{15}{21}=$

16 $4\dfrac{4}{37}-1\dfrac{12}{37}=$

어제의 기록

어제했던 시간을 표시해봐요!

쿨쿨 잠자기	시	분
열심히 공부하기	시간	분
즐겁게 책읽기	시간	분
잼있게 놀기	시간	분

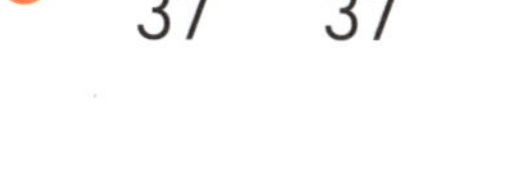

오늘의 준비

오늘의 할일을 적어봐요!

일어난 시간	시	분	날씨				
숙제							
공부							
준비물							
오늘 꼭! 할일							

15 분수의 계산(연습3)

아래 문제를 풀어보세요.

1 $\dfrac{5}{7} + \dfrac{3}{7} =$

2 $\dfrac{7}{9} + \dfrac{6}{9} =$

3 $2\dfrac{8}{12} + \dfrac{7}{12} =$

4 $\dfrac{11}{19} + 3\dfrac{8}{19} =$

5 $6 \ + 3\dfrac{5}{22} =$

6 $\dfrac{7}{9} - \dfrac{3}{9} =$

7 $7\dfrac{8}{17} - \dfrac{7}{17} =$

8 $5\dfrac{11}{23} - 2\dfrac{21}{23} =$

9 $7\dfrac{9}{16} - 3 \ =$

10 $8 \ - 2\dfrac{2}{18} =$

16문제 중 　문제 맞았어!

11 $4\dfrac{5}{8}+2\dfrac{5}{8}=$

14 $3\dfrac{6}{12}+2\dfrac{9}{12}=$

12 $3\dfrac{1}{12}-1\dfrac{7}{12}=$

15 $6\dfrac{5}{12}-\dfrac{8}{12}=$

13 $2\dfrac{3}{15}-1\dfrac{11}{15}=$

16 $4\dfrac{7}{15}-2\dfrac{15}{15}=$

 어제의 기록

어제했던 시간을 표시해봐요!

쿨쿨 잠자기	시	분
열심히 공부하기	시간	분
즐겁게 책읽기	시간	분
잼있게 놀기	시간	분

오전　　　　오후

7 8 9 10 11 12 1 2 3 4 5 6 7 8 9 10

오늘의 준비

오늘의 할일을 적어봐요!

일어난 시간	시	분	날씨	☀	⛅	☁	⛄
숙 제							
공 부							
준비물							
오늘 꼭! 할일							

16 곱셈 연습(1)

아래 사각계산연습표를 완성하세요. (시간을 재어 보세요)

×	2	3	4	5	6	7	8	9
2								
3								
4								
5								
6								
7								
8								
9								

66 문제 중 　 문제 맞았어!

65 187×32=

66 269×45=

🐤 어제의 기록

어제했던 시간을 표시해봐요!

쿨쿨 잠자기	시간	분
열심히 공부하기	시간	분
즐겁게 책읽기	시간	분
잼있게 놀기	시간	분

오전　　오후

7 8 9 10 11 12 1 2 3 4 5 6 7 8 9 10

🐻 오늘의 준비

오늘의 할일을 적어봐요!

일어난 시간	시	분	날 씨	☀	⛅	🌧	⛄
숙 제							
공 부							
준비물							
오늘 꼭! 할일							

✨ 오늘의 나와 가장 가까운 답에 O표 하세요!

- ✦ 오늘의 기분은 어때요?　　□ 좋아요.　□ 나빠요.　□ 그냥 그래요.
- ✦ 아침밥을 먹었나요?　　□ 네.　□ 아니요.
- ✦ 친구하고 사이좋게 지내고 있나요?　　□ 네.　□ 아니요.
- ✦ 오늘도 힘찬 하루를 보낼 준비 됐나요?　　□ 네.　□ 아니요.
- ✦ 오늘은 □ 즐거울거 □ 슬플거 □ 기타(　　　) 같아요!

Mon 월 일
분 초

17 나눗셈 연습 (1)

소리내 읽기

아래 나눗셈의 몫과 나머지를 구하세요.

1

$22 \overline{)891}$

4

$35 \overline{)912}$

7

$54 \overline{)289}$

2

$31 \overline{)709}$

5

$47 \overline{)716}$

8

$28 \overline{)618}$

3

$23 \overline{)812}$

6

$26 \overline{)684}$

9

$32 \overline{)879}$

11 문제 중 ◯ 문제 맞았어!

10 $687 \div 32 =$

11 $972 \div 46 =$

어제의 기록

어제했던 시간을 표시해봐요!

쿨쿨 잠자기	시간	분
열심히 공부하기	시간	분
즐겁게 책읽기	시간	분
잼있게 놀기	시간	분

오전 　 오후

7 8 9 10 11 12 1 2 3 4 5 6 7 8 9 10

오늘의 준비

오늘의 할일을 적어봐요!

일어난 시간	시	분	날 씨	☀	☁	☂	⛄
숙 제							
공 부							
준비물							
오늘 꼭! 할일							

오늘의 나와 가장 가까운 답에 O표 하세요!

◆ 오늘의 기분은 어때요? 　☐ 좋아요. 　☐ 나빠요. 　☐ 그냥 그래요.

◆ 아침밥을 먹었나요? 　☐ 네. 　☐ 아니요.

◆ 친구하고 사이좋게 지내고 있나요? 　☐ 네. 　☐ 아니요.

◆ 오늘도 힘찬 하루를 보낼 준비 됐나요? 　☐ 네. 　☐ 아니요.

◆ 오늘은 ☐ 즐거울거 ☐ 슬플거 ☐ 기타(　)같아요!

18 소수

소리내 읽기

$\dfrac{1}{1000}$은 소수로 0.001(영점영영일)

$\dfrac{1}{1000}$은 1을 1000등분한 것의 1칸입니다.
0.001이라 쓰고, 영점영영일로 읽습니다.

$$\dfrac{1}{1000} = 0.001 \qquad \dfrac{2013}{1000} = 2.013$$

영점영영일 이점영일삼

자연수와 소수를 구분하는 점을 소수점이라고 합니다.

0.005는 0.001이 5개 있는 수입니다.
2.135는 0.001이 2135개 있는 수이고,
0.001이 215개이면 0.215입니다.

0.01이 2개인 수는 0.02

0.001이 21개인 수는 0.021

0.001이 2135개인 수는 2.135

소리내 풀기

빈 칸에 알맞은 말이나 수를 적으세요.

1 $\dfrac{3}{10}$ 쓰기 ( ) 읽기 ( )

2 $\dfrac{13}{100}$ 쓰기 ( ) 읽기 ( )

3 $\dfrac{324}{1000}$ 쓰기 ( ) 읽기 ( )

4 $\dfrac{4504}{1000}$ 쓰기 ( ) 읽기 ( )

5 0.01은 0.01이 _______ 개인 수

6 2.35는 0.01이 _______ 개

7 0.001이 3124개면 _______

8 5.123은 0.001이 3개,

0.01이 _______ 개

0.1이 _______ 개

1이 _______ 개 인 수

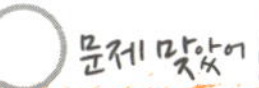

9 1이 12개, $\frac{1}{10}$이 2개, $\frac{1}{100}$이 5개인 소수는 ________ 입니다.

10 1이 2개, $\frac{1}{1000}$이 325개인 소수는 ________ 입니다.

11 1이 32개, 0.1이 5개, 0.01이 7개, 0.001이 4개인 수는 ________ 입니다.

12 0.001이 5107개인 수는 ________ 입니다.

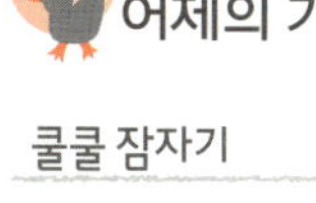 어제의 기록

어제했던 시간을 표시해봐요!

쿨쿨 잠자기	시	분
열심히 공부하기	시간	분
즐겁게 책읽기	시간	분
잼있게 놀기	시간	분

						오전					오후						
7	8	9	10	11	12	1	2	3	4	5	6	7	8	9	10		

오늘의 준비

오늘의 할일을 적어봐요!

일어난 시간	시	분	날씨				
숙제							
공부							
준비물							
오늘 꼭! 할일							

19 소수1자리수의 덧셈(1)

0.4+0.3의 계산

자릿수에 맞추어 계산합니다.

0.4는 0.1이 **4**개이고, 0.3은 0.1이 **3**개입니다.

0.4+0.3은 0.1이 **(4+3)**개 있는 것이므로

0.1이 **7**개면 0.7입니다.

```
  0.4  → 0.1이 4개
+ 0.3  → 0.1이 3개
─────
  0.7  → 0.1이 7개
```

반드시 소수점의 자리를 맞추어 적고 계산합니다.

아래 문제를 계산해 보세요.

1
$$\begin{array}{r} 0.2 \\ + 0.1 \\ \hline \end{array}$$

2
$$\begin{array}{r} 0.5 \\ + 0.3 \\ \hline \end{array}$$

3
$$\begin{array}{r} 0.3 \\ + 0.2 \\ \hline \end{array}$$

4
$$\begin{array}{r} 0.3 \\ + 0.6 \\ \hline \end{array}$$

5
$$\begin{array}{r} 0.8 \\ + 0.1 \\ \hline \end{array}$$

6
$$\begin{array}{r} 0.2 \\ + 0.7 \\ \hline \end{array}$$

7 0.5+0.4=

8 0.2+0.6=

9 0.3+0.1=

10 0.5+0.2=

11 0.4+0.3=

12 0.1+0.5=

20문제 중   문제 맞았어!

13 $0.4+0.2=$

14 $0.5+0.3=$

15 $0.3+0.1=$

16 $0.5+0.2=$

17 $0.5+0.4=$

18 $0.2+0.6=$

19 $0.3+0.1=$

20 $0.5+0.2=$

어제의 기록

어제했던 시간을 표시해봐요!

쿨쿨 잠자기	시	분
열심히 공부하기	시간	분
즐겁게 책읽기	시간	분
잼있게 놀기	시간	분

오전　　　오후

7 8 9 10 11 12 1 2 3 4 5 6 7 8 9 10

오늘의 준비

오늘의 할일을 적어봐요!

일어난 시간	시	분	날씨	☀ ⛅ 🌧 ⛄
숙제				
공부				
준비물				
오늘꼭! 할일				

20 소수1자리수의 덧셈(2)

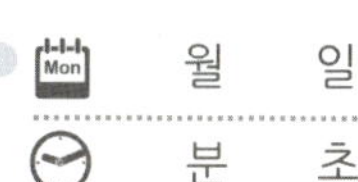

소리내 읽기

0.4+0.7의 계산

자릿수에 맞추어 계산하고 받아올림해 줍니다.

0.4는 0.1이 4개이고, 0.7은 0.1이 7개입니다.

0.4+0.7은 0.1이 (4+7)개 있는 것이므로

0.1이 11개면 1.1입니다.

$$
\begin{array}{r}
\overset{1}{0}.4 \\
+\ 0.7 \\
\hline
1.1
\end{array}
$$

0.4 → 0.1이 4개
0.7 → 0.1이 7개
1.1 → 0.1이 11개

반드시 소수점의 자리를 맞추어 계산하고 더한 값이 10을 넘으면 받아올림해 줍니다.

소리내 풀기

아래 문제를 계산해 보세요.

1
$$
\begin{array}{r}
0.5 \\
+\ 0.6 \\
\hline
\end{array}
$$

4
$$
\begin{array}{r}
0.2 \\
+\ 0.8 \\
\hline
\end{array}
$$

7 0.5+0.8=

8 0.7+0.9=

2
$$
\begin{array}{r}
0.3 \\
+\ 0.9 \\
\hline
\end{array}
$$

5
$$
\begin{array}{r}
0.6 \\
+\ 0.7 \\
\hline
\end{array}
$$

9 0.9+0.6=

10 0.6+0.7=

3
$$
\begin{array}{r}
0.7 \\
+\ 0.8 \\
\hline
\end{array}
$$

6
$$
\begin{array}{r}
0.8 \\
+\ 0.9 \\
\hline
\end{array}
$$

11 0.8+0.5=

12 0.9+0.9=

20문제 중 ___ 문제 맞았어!

13 $0.4+0.7=$

14 $0.7+0.5=$

15 $0.6+0.6=$

16 $0.3+0.9=$

17 $0.6+0.7=$

18 $0.7+0.4=$

19 $0.8+0.8=$

20 $0.9+0.5=$

 어제의 기록

어제했던 시간을 표시해봐요!

쿨쿨 잠자기	시	분
열심히 공부하기	시간	분
즐겁게 책읽기	시간	분
잼있게 놀기	시간	분

오전　　　　오후

7 8 9 10 11 12 1 2 3 4 5 6 7 8 9 10

오늘의 준비

오늘의 할일을 적어봐요!

일어난 시간	시	분	날 씨	
숙 제				
공 부				
준비물				
오늘 꼭! 할일				

21 소수2자리수의 덧셈(1)

Mon 월 일
분 초

소리내 읽기

0.42+0.31의 계산

소수 둘째 자리부터 끼리끼리 더합니다.

0.42는 0.01이 42개이고, 0.31은 0.01이 31개

입니다. 0.42+0.31은 0.1이 (42+31)개 있는

것이므로 0.01이 73개면 0.73입니다.

$$\begin{array}{r} 0.42 \\ +\ 0.31 \\ \hline 0.73 \end{array}$$

0.42 → 0.01이 42개
+0.31 → 0.01이 31개
0.73 → 0.01이 73개

반드시 소수점의 자리를 맞추어 적고,
소수 2째자리부터 끼리끼리 더합니다.

소리내 풀기

아래 문제를 계산해 보세요.

1
$$\begin{array}{r} 0.23 \\ +\ 0.14 \\ \hline \end{array}$$

4
$$\begin{array}{r} 0.45 \\ +\ 0.34 \\ \hline \end{array}$$

7 $0.51+0.44=$

8 $0.23+0.62=$

2
$$\begin{array}{r} 0.47 \\ +\ 0.21 \\ \hline \end{array}$$

5
$$\begin{array}{r} 0.5 \\ +\ 0.23 \\ \hline \end{array}$$

9 $0.36+0.12=$

3
$$\begin{array}{r} 0.36 \\ +\ 0.52 \\ \hline \end{array}$$

6
$$\begin{array}{r} 0.02 \\ +\ 0.62 \\ \hline \end{array}$$

10 $0.59+0.2=$

16문제중 문제 맞았어!

11
$$0.54 + 0.32$$

13
$$0.36 + 0.21$$

15 $0.72+0.02=$

12
$$0.23 + 0.46$$

14
$$0.7 + 0.09$$

16 $0.42+0.35=$

 어제의 기록

어제했던 시간을 표시해봐요!

쿨쿨 잠자기	시	분
열심히 공부하기	시간	분
즐겁게 책읽기	시간	분
잼있게 놀기	시간	분

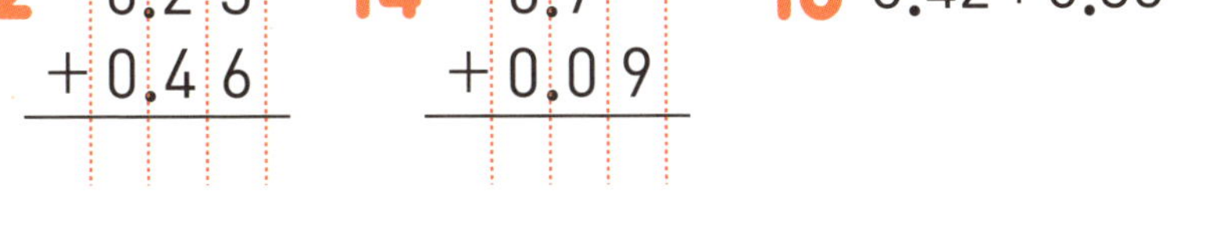

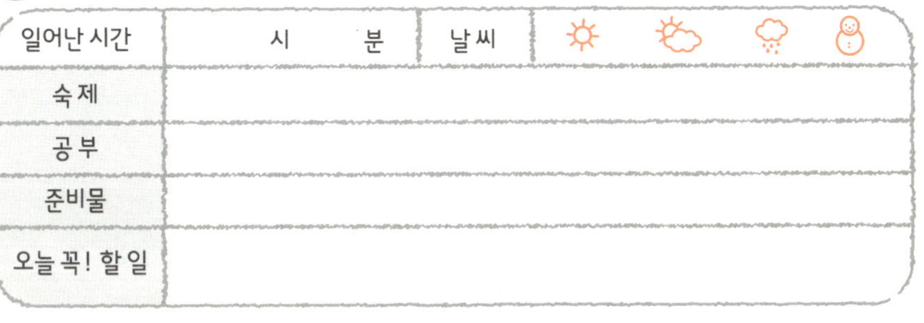 오늘의 준비

오늘의 할일을 적어봐요!

일어난 시간	시	분	날씨				
숙제							
공부							
준비물							
오늘 꼭! 할일							

22 소수2자리수의 덧셈(2)

0.47+0.59의 계산

소수 둘째 자리부터 끼리끼리 더합니다.

0.47은 0.01이 47개이고, 0.59는 0.01이 59개

입니다. 0.47+0.59는 0.01이 (47+59)개 있는

것이므로 0.01이 106개면 1.06입니다.

$$
\begin{array}{r}
\overset{1\ \ 1}{\ 0.47} \rightarrow 0.01\text{이 }47\text{개}\\
+\ 0.59 \rightarrow 0.01\text{이 }59\text{개}\\
\hline
1.06 \rightarrow 0.01\text{이 }106\text{개}
\end{array}
$$

소수의 덧셈도 받아올림에 주의해서
소수 둘째자리부터 끼리끼리 더합니다.

아래 문제를 계산해 보세요.

1
$$
\begin{array}{r}
0.36\\
+\ 0.48\\
\hline
\end{array}
$$

4
$$
\begin{array}{r}
0.35\\
+\ 0.97\\
\hline
\end{array}
$$

7 $0.59+0.43=$

8 $0.26+0.67=$

2
$$
\begin{array}{r}
0.49\\
+\ 0.35\\
\hline
\end{array}
$$

5
$$
\begin{array}{r}
0.07\\
+\ 0.26\\
\hline
\end{array}
$$

9 $0.79+0.5=$

3
$$
\begin{array}{r}
0.26\\
+\ 0.37\\
\hline
\end{array}
$$

6
$$
\begin{array}{r}
0.7\\
+\ 0.65\\
\hline
\end{array}
$$

10 $0.06+0.95=$

16문제 중 　문제 맞았어!

11 0.47 + 0.86

12 0.56 + 0.75

13 0.73 + 0.28

14 0.92 + 0.09

15 $0.72+0.52=$

16 $0.48+0.35=$

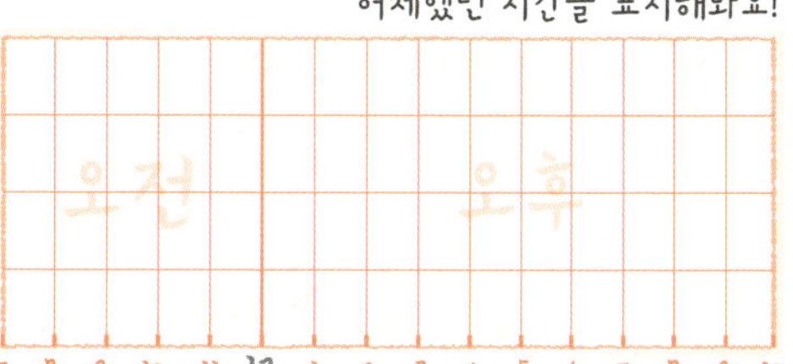 어제의 기록

어제했던 시간을 표시해봐요!

쿨쿨 잠자기	시	분
열심히 공부하기	시간	분
즐겁게 책읽기	시간	분
잼있게 놀기	시간	분

오전 / 오후

7 8 9 10 11 12 1 2 3 4 5 6 7 8 9 10

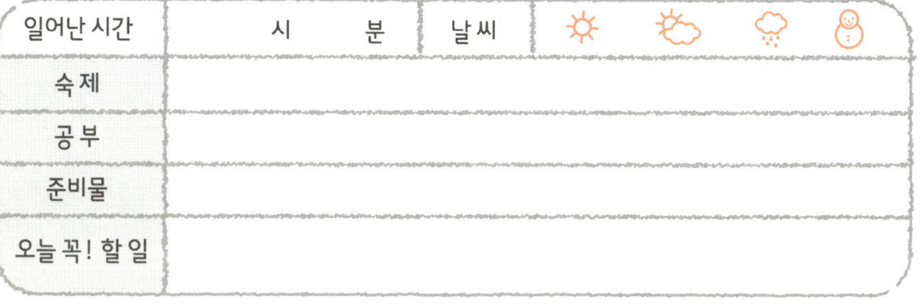 오늘의 준비

오늘의 할일을 적어봐요!

일어난 시간	시	분	날씨				
숙제							
공부							
준비물							
오늘 꼭! 할일							

23 소수2자리수의 덧셈(3)

소리내 읽기

5.47+3.59의 계산

5.47은 0.01이 547개이고, 3.59는 0.01이

359개입니다. 5.47+3.59는 0.01이 547+359

있는 것이므로 0.01이 906개면 9.06입니다.

소수점과 받아올림에 주의하고 꼭 소수점을 찍어줍니다.

```
  1 1
  5.4 7  → 0.01이 547개
+ 3.5 9  → 0.01이 359개
_________
  9.0 6  → 0.01이 906개
```

소수점의 자리를 맞추고 자연수의 덧셈과 같은
방법으로 계산한 후 소수점을 찍어줍니다.

소리내 풀기

아래 문제를 계산해 보세요.

1
```
  3.3 1
+ 2.4 4
```

4
```
  4.0 7
+ 0.2 6
```

7 3.52+2.45=

8 2.23+1.64=

2
```
  2.4 3
+ 5.3 5
```

5
```
  0.0 7
+ 5.9 6
```

9 3.79+0.4=

3
```
  1.2 2
+ 5.3 7
```

6
```
  5.7
+ 7.6 5
```

10 6.08+5.97=

16문제 중 ○ 문제 맞았어!

11
$$2.56 + 3.15$$

12
$$4.27 + 1.64$$

13
$$5.73 + 4.28$$

14
$$7.53 + 8.69$$

15 3.91+2.32=

16 5.49+4.32=

 어제의 기록

어제했던 시간을 표시해봐요!

쿨쿨 잠자기	시	분
열심히 공부하기	시간	분
즐겁게 책읽기	시간	분
잼있게 놀기	시간	분

오전　　　　　오후

7 8 9 10 11 12 1 2 3 4 5 6 7 8 9 10

오늘의 준비

오늘의 할일을 적어봐요!

일어난 시간	시	분	날씨	☀ ⛅ 🌧 ⛄
숙제				
공부				
준비물				
오늘 꼭! 할일				

24 소수3자리수의 덧셈

5.475+3.596의 계산

5.475는 0.01이 5475개, 3.596은 0.001이 3596개입니다. 5.475+3.596은 0.001이 (5475+3596)개 있는 것이므로 0.001이 9071개면 9.071입니다.

	1	1	1		
	5.	4	7	5	→ 0.001이 5475개
+	3.	5	9	6	→ 0.001이 3596개
	9.	0	7	1	→ 0.001이 9071개

소수의 덧셈도 자연수의 덧셈과 똑같습니다.
소수점을 맞추어 계산하고, 점을 꼭 찍어줍니다.

아래 문제를 계산해 보세요.

1
```
  3.3 1 2
+ 2.4 4 3
```

2
```
  2.5 6 4
+ 4.2 7 1
```

3
```
  1.2 3 6
+ 5.6 1 5
```

4
```
  4.5 6 7
+ 0.6 3 5
```

5
```
    3.7
+ 1 2.4 3
```

6
```
  3.3
+ 2.4 4 3
```

7 3.572+2.456=

8 2.253+1.643=

9 4.318+3.29=

10 $1.527 + 3.231$

12 $4.436 + 2.745$

14 $3.967 + 2.328 =$

11 $2.364 + 1.228$

13 $3.76 + 18.59$

15 $4.429 + 1.872 =$

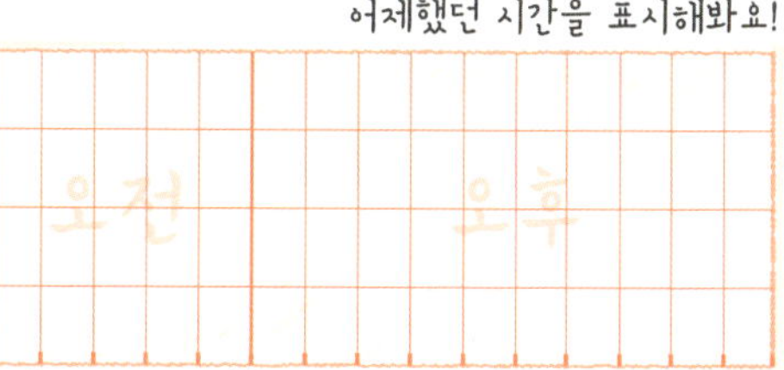

어제의 기록

어제했던 시간을 표시해봐요!

쿨쿨 잠자기	시	분
열심히 공부하기	시간	분
즐겁게 책읽기	시간	분
잼있게 놀기	시간	분

오늘의 준비

오늘의 할일을 적어봐요!

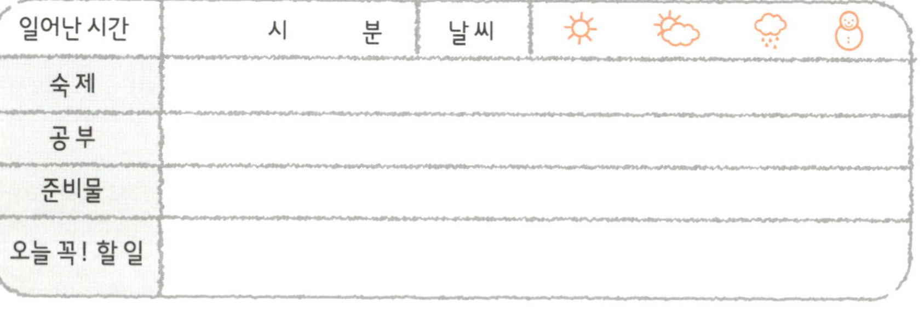

일어난 시간	시	분	날씨				
숙제							
공부							
준비물							
오늘 꼭! 할일							

25 소수의 덧셈(연습1)

소리내
풀기

아래 문제를 계산해 보세요.

1
```
  1 1.3
+   5.6
```

2
```
  0.3 1
+ 0.4 4
```

3
```
  0.5 7
+ 0.2 5
```

4
```
  4.6 9
+ 0.7 5
```

5
```
  2 2.3
+   5.6 5
```

6
```
    5.4 2
+ 1 1.3 6
```

7
```
    6.7
+ 1 3.4 9
```

8
```
  3.1
+ 2.9 1 3
```

9
```
  4.1 2 6
+ 0.7 5 2
```

10
```
  3.2 9 3
+ 1.5 2 8
```

11
```
  5.4 9 5
+ 2.5 6 3
```

12
```
  2.3 6 7
+ 9.8 4 6
```

16문제 중 ◯ 문제 맞았어!

13 $4.25 + 3.724 =$

15 $1.562 + 2.179 =$

14 $2.784 + 5.239 =$

16 $12.45 + 8.876 =$

 어제의 기록

어제했던 시간을 표시해봐요!

쿨쿨 잠자기	시	분
열심히 공부하기	시간	분
즐겁게 책읽기	시간	분
잼있게 놀기	시간	분

 오늘의 준비

오늘의 할일을 적어봐요!

일어난 시간	시	분	날 씨				
숙 제							
공 부							
준비물							
오늘꼭! 할일							

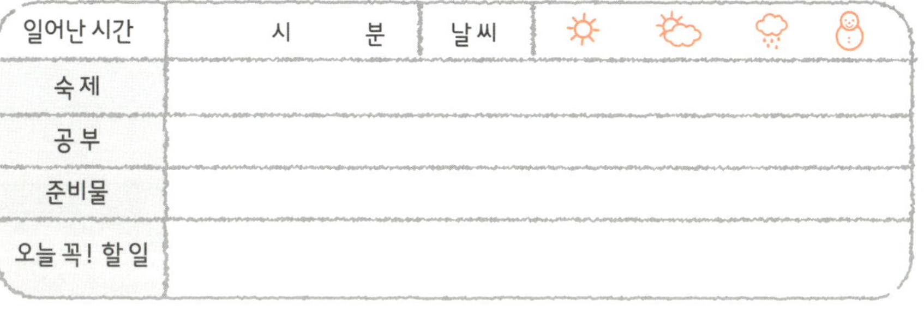

26 소수의 덧셈 (연습2)

 아래 문제를 계산해 보세요.

1
```
   5 6.2
+    7.6
```

5
```
  2 0.3 6
+    5.6
```

9
```
  0.1 1 8
+ 0.6 4 1
```

2
```
  0.6
+ 0.7 3
```

6
```
    4.9 1
+ 1 8.0 4
```

10
```
  5.6 2 7
+ 4.5 8 2
```

3
```
  0.5 6
+ 0.9 7
```

7
```
    5.5
+ 5 5.5 5
```

11
```
  4.3 0 6
+ 3.6 2 7
```

4
```
  4.3 8
+ 5.6 9
```

8
```
  3.1 1
+ 3.8 9 4
```

12
```
  1.3 6 9
+ 6.8 4 6
```

16 문제 중 ◯ 문제 맞았어!

13 $7.654+6.467=$

15 $1.525+2.298=$

14 $3.247+4.856=$

16 $15.24+18.79=$

 어제의 기록

어제했던 시간을 표시해봐요!

쿨쿨 잠자기	시	분
열심히 공부하기	시간	분
즐겁게 책읽기	시간	분
잼있게 놀기	시간	분

 오늘의 준비

오늘의 할일을 적어봐요!

일어난 시간	시	분	날 씨				
숙 제							
공 부							
준비물							
오늘 꼭! 할일							

27 곱셈 연습 (2)

아래 사각계산연습표를 완성하세요. (시간을 재어 보세요)

×	2	4	5	7	0	9	6	8
2								
3								
4								
5								
6								
7								
8								
9								

66 문제 중 ◯ 문제 맞았어!

65 325×67=

66 189×64=

어제의 기록

어제했던 시간을 표시해봐요!

쿨쿨 잠자기	시간	분
열심히 공부하기	시간	분
즐겁게 책읽기	시간	분
잼있게 놀기	시간	분

7 8 9 10 11 12 1 2 3 4 5 6 7 8 9 10

오늘의 준비

오늘의 할일을 적어봐요!

일어난 시간	시	분	날씨				
숙제							
공부							
준비물							
오늘 꼭! 할일							

오늘의 나와 가장 가까운 답에 O표 하세요!

✦ 오늘의 기분은 어때요? ☐ 좋아요. ☐ 나빠요. ☐ 그냥 그래요.

✦ 아침밥을 먹었나요? ☐ 네. ☐ 아니요.

✦ 친구하고 사이좋게 지내고 있나요? ☐ 네. ☐ 아니요.

✦ 오늘도 힘찬 하루를 보낼 준비 됐나요? ☐ 네. ☐ 아니요.

✦ 오늘은 ☐ 즐거울거 ☐ 슬플거 ☐ 기타( )같아요!

28 나눗셈 연습(2)

 아래 나눗셈의 몫과 나머지를 구하세요.

1

$51 \overline{)465}$

4

$26 \overline{)876}$

7

$23 \overline{)517}$

2

$27 \overline{)653}$

5

$86 \overline{)613}$

8

$73 \overline{)931}$

3

$18 \overline{)496}$

6

$53 \overline{)857}$

9

$88 \overline{)986}$

11 문제 중 ◯ 문제 맞았어!

10 $426 \div 28 =$

11 $631 \div 27 =$

어제의 기록

오제했던 시간을 표시해봐요!

쿨쿨 잠자기	시간	분
열심히 공부하기	시간	분
즐겁게 책읽기	시간	분
잼있게 놀기	시간	분

오전 　 오후

7 8 9 10 11 12 1 2 3 4 5 6 7 8 9 10

오늘의 준비

오늘의 할일을 적어봐요!

일어난 시간	시	분	날씨	☀	⛅	🌧	⛄
숙 제							
공 부							
준비물							
오늘 꼭! 할 일							

오늘의 나와 가장 가까운 답에 O표 하세요!

◆ 오늘의 기분은 어때요?　☐ 좋아요.　☐ 나빠요.　☐ 그냥 그래요.

◆ 아침밥을 먹었나요?　☐ 네.　☐ 아니요.

◆ 친구하고 사이좋게 지내고 있나요?　☐ 네.　☐ 아니요.

◆ 오늘도 힘찬 하루를 보낼 준비 됐나요?　☐ 네.　☐ 아니요.

◆ 오늘은 ☐ 즐거울거 ☐ 슬플거 ☐ 기타(　　　)같아요!

29 소수1자리수의 뺄셈(1)

0.4−0.3의 계산

자릿수에 맞추어 계산합니다.

0.4는 0.1이 **4**개이고, 0.3은 0.1이 **3**개입니다.

0.4−0.3은 0.1이 **(4−3)**개 있는 것이므로

0.1이 **1**개면 0.1입니다.

$$
\begin{array}{r}
0.4 \\
-\ 0.3 \\
\hline
0.1
\end{array}
$$

0.4 → 0.1이 4개
− 0.3 → 0.1이 3개
0.1 → 0.1이 1개

반드시 소수점의 자리를 맞추어 적고 계산합니다.

아래 문제를 계산해 보세요.

1
$$
\begin{array}{r}
0.2 \\
-\ 0.1 \\
\hline
\end{array}
$$

2
$$
\begin{array}{r}
0.5 \\
-\ 0.3 \\
\hline
\end{array}
$$

3
$$
\begin{array}{r}
0.3 \\
-\ 0.2 \\
\hline
\end{array}
$$

4
$$
\begin{array}{r}
0.8 \\
-\ 0.6 \\
\hline
\end{array}
$$

5
$$
\begin{array}{r}
0.6 \\
-\ 0.5 \\
\hline
\end{array}
$$

6
$$
\begin{array}{r}
0.7 \\
-\ 0.4 \\
\hline
\end{array}
$$

7 0.5−0.4=

8 0.7−0.6=

9 0.8−0.1=

10 0.9−0.2=

11 0.6−0.3=

12 0.7−0.5=

20문제 중 ◯문제 맞았어!

13 $0.4-0.2=$

14 $0.8-0.3=$

15 $0.7-0.1=$

16 $0.5-0.2=$

17 $0.5-0.4=$

18 $0.6-0.2=$

19 $0.3-0.1=$

20 $0.9-0.2=$

 어제의 기록

어제했던 시간을 표시해봐요!

쿨쿨 잠자기	시	분
열심히 공부하기	시간	분
즐겁게 책읽기	시간	분
잼있게 놀기	시간	분

오전   오후

7 8 9 10 11 12 1 2 3 4 5 6 7 8 9 10

 오늘의 준비

오늘의 할일을 적어봐요!

일어난 시간	시	분	날 씨				
숙 제							
공 부							
준비물							
오늘 꼭! 할일							

30 소수1자리수의 뺄셈(2)

1.4−0.7의 계산

자릿수에 맞추어 계산하고 받아올림 해 줍니다.

1.4는 0.1이 14개이고, 0.7은 0.1이 7개입니다.

1.4−0.7은 0.1이 (14−7)개 있는 것이므로

0.1이 7개면 0.7입니다.

$$\begin{array}{r} \overset{0}{\cancel{1}}\,.\,\overset{10}{4} \\ -\ 0\,.\,7 \\ \hline 0\,.\,7 \end{array}$$

→ 0.1이 14개
→ 0.1이 7개
→ 0.1이 7개

반드시 소수점의 자리를 맞추어 계산하고
뺄 수 없으면 10을 받아내림해서 뺍니다.

아래 문제를 계산해 보세요.

1
$$\begin{array}{r} 1\,.\,5 \\ -\ 0\,.\,6 \\ \hline \end{array}$$

4
$$\begin{array}{r} 2\,.\, \\ -\ 0\,.\,8 \\ \hline \end{array}$$

7 $1.5-0.8=$

8 $1.7-0.9=$

2
$$\begin{array}{r} 1\,.\,3 \\ -\ 0\,.\,9 \\ \hline \end{array}$$

5
$$\begin{array}{r} 1\,.\,1 \\ -\ 0\,.\,7 \\ \hline \end{array}$$

9 $3.2-0.6=$

10 $1-0.7=$

3
$$\begin{array}{r} 2\,.\,7 \\ -\ 0\,.\,8 \\ \hline \end{array}$$

6
$$\begin{array}{r} 3\,.\,6 \\ -\ 0\,.\,9 \\ \hline \end{array}$$

11 $5-0.5=$

12 $10.1-0.9=$

20 문제 중 ◯ 문제 맞았어!

13 $1.4-0.7=$

14 $1.2-0.5=$

15 $1.3-0.6=$

16 $1.5-0.9=$

17 $1.6-0.8=$

18 $1.7-0.9=$

19 $2-0.8=$

20 $1-0.5=$

어제의 기록

쿨쿨 잠자기	시	분
열심히 공부하기	시간	분
즐겁게 책읽기	시간	분
잼있게 놀기	시간	분

어제했던 시간을 표시해봐요!

오전　　오후

7 8 9 10 11 12 1 2 3 4 5 6 7 8 9 10

오늘의 준비

오늘의 할일을 적어봐요!

일어난 시간	시	분	날 씨				
숙 제							
공 부							
준비물							
오늘 꼭! 할일							

31 소수2자리수의 뺄셈(1)

0.42-0.31의 계산

소수 둘째 자리부터 끼리끼리 뺍니다.

0.42는 0.01이 42개이고, 0.31은 0.01이 31개입니다. 0.42-0.31은 0.1이 (42-31)개 있는 것이므로 0.01이 11개면 0.11입니다.

$$\begin{array}{r} 0.42 \rightarrow 0.01\text{이 }42\text{개} \\ -\ 0.31 \rightarrow 0.01\text{이 }31\text{개} \\ \hline 0.11 \rightarrow 0.01\text{이 }11\text{개} \end{array}$$

반드시 소수점의 자리를 맞추어 적고, 소수 둘째자리부터 끼리끼리 뺍니다.

아래 문제를 계산해 보세요.

1
$$\begin{array}{r} 0.28 \\ -\ 0.14 \\ \hline \end{array}$$

4
$$\begin{array}{r} 0.45 \\ -\ 0.34 \\ \hline \end{array}$$

7 $0.55-0.44=$

8 $0.93-0.62=$

2
$$\begin{array}{r} 0.47 \\ -\ 0.21 \\ \hline \end{array}$$

5
$$\begin{array}{r} 0.59 \\ -\ 0.23 \\ \hline \end{array}$$

9 $0.76-0.12=$

3
$$\begin{array}{r} 0.56 \\ -\ 0.32 \\ \hline \end{array}$$

6
$$\begin{array}{r} 0.72 \\ -\ 0.6 \\ \hline \end{array}$$

10 $0.89-0.01=$

16문제 중 ◯ 문제 맞았어!

11
$$0.54 - 0.32$$

12
$$0.46 - 0.23$$

13
$$0.36 - 0.21$$

14
$$0.7 - 0.09$$

15 $0.72 - 0.02 =$

16 $0.42 - 0.35 =$

어제의 기록

어제했던 시간을 표시해봐요!

쿨쿨 잠자기	시	분
열심히 공부하기	시간	분
즐겁게 책읽기	시간	분
잼있게 놀기	시간	분

오늘의 준비

오늘의 할일을 적어봐요!

일어난 시간	시	분	날씨	☀	⛅	🌧	⛄
숙제							
공부							
준비물							
오늘 꼭! 할일							

32 소수2자리수의 뺄셈(2)

0.97-0.59의 계산

빼는 수가 더 커서 뺄 수 없으면 받아내림합니다.

0.97은 0.01이 97개, 0.59는 0.01이 59개

입니다. 0.97-0.59는 0.01이 (97-59)개 있는

것이므로 0.01이 38개면 0.38입니다.

$$
\begin{array}{r}
\overset{8\;\;10}{0.\not{9}7} \\
-\,0.59 \\
\hline
0.38
\end{array}
$$

0.97 → 0.01이 97개
0.59 → 0.01이 59개
0.38 → 0.01이 38개

소수의 뺄셈도 자연수의 뺄셈과 같이
뺄 수 없을때 받아내림해서 빼줍니다.

아래 문제를 계산해 보세요.

1
$$
\begin{array}{r}
0.56 \\
-\,0.48 \\
\hline
\end{array}
$$

4
$$
\begin{array}{r}
0.92 \\
-\,0.56 \\
\hline
\end{array}
$$

7 $0.52-0.43=$

8 $0.65-0.37=$

2
$$
\begin{array}{r}
0.82 \\
-\,0.25 \\
\hline
\end{array}
$$

5
$$
\begin{array}{r}
0.91 \\
-\,0.64 \\
\hline
\end{array}
$$

9 $0.3-0.11=$

3
$$
\begin{array}{r}
0.73 \\
-\,0.37 \\
\hline
\end{array}
$$

6
$$
\begin{array}{r}
0.6\;\; \\
-\,0.55 \\
\hline
\end{array}
$$

10 $0.85-0.07=$

16문제 중 ◯ 문제 맞았어!

11
$$0.91 - 0.32$$

13
$$0.73 - 0.28$$

15 $0.71 - 0.52 =$

12
$$0.66 - 0.39$$

14
$$0.82 - 0.23$$

16 $0.43 - 0.35 =$

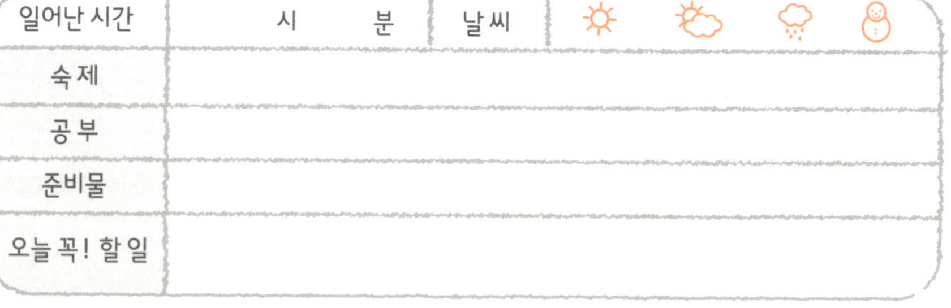 어제의 기록

어제했던 시간을 표시해봐요!

쿨쿨 잠자기	시	분
열심히 공부하기	시간	분
즐겁게 책읽기	시간	분
잼있게 놀기	시간	분

오전　오후

7　8　9　10　11　12　1　2　3　4　5　6　7　8　9　10

오늘의 준비

오늘의 할일을 적어봐요!

일어난 시간	시	분	날씨				
숙제							
공부							
준비물							
오늘꼭! 할일							

33 소수2자리수의 뺄셈(3)

2.47−1.59의 계산

빼는 수가 더 커서 뺄 수 없으면 받아내림합니다.

2.47은 0.01이 247개, 1.59는 0.01이 159개

입니다. 2.47−1.59는 0.01이 (247−159)개

있는 것이므로 0.01이 88개면 0.88입니다.

$$
\begin{array}{r}
\overset{1\;\;13\;\;10}{2.47} \rightarrow \text{0.01이 247개}\\
-\;1.59 \rightarrow \text{0.01이 159개}\\
\hline
0.88 \rightarrow \text{0.01이 88개}
\end{array}
$$

소수의 뺄셈도 자연수의 뺄셈과 같이
뺄 수 없을때 받아내림해서 빼줍니다.

아래 문제를 계산해 보세요.

1
$$
\begin{array}{r}
3.56\\
-\;1.48\\
\hline
\end{array}
$$

4
$$
\begin{array}{r}
4.53\\
-\;2.97\\
\hline
\end{array}
$$

7 $0.52-0.43=$

8 $1.02-0.37=$

2
$$
\begin{array}{r}
2.52\\
-\;1.25\\
\hline
\end{array}
$$

5
$$
\begin{array}{r}
2.73\\
-\;1.84\\
\hline
\end{array}
$$

9 $1.37-0.81=$

3
$$
\begin{array}{r}
5.18\\
-\;0.37\\
\hline
\end{array}
$$

6
$$
\begin{array}{r}
3.2\\
-\;1.55\\
\hline
\end{array}
$$

10 $2.79-0.9=$

16문제 중 ◯ 문제 맞았어!

11 $\begin{array}{r} 5.56 \\ -\ 1.63 \\ \hline \end{array}$

13 $\begin{array}{r} 5.34 \\ -\ 4.78 \\ \hline \end{array}$

15 $3.21-2.32=$

12 $\begin{array}{r} 4.21 \\ -\ 1.94 \\ \hline \end{array}$

14 $\begin{array}{r} 7.53 \\ -\ 2.69 \\ \hline \end{array}$

16 $5.39-4.32=$

어제의 기록

어제했던 시간을 표시해봐요!

쿨쿨 잠자기	시	분
열심히 공부하기	시간	분
즐겁게 책읽기	시간	분
잼있게 놀기	시간	분

오전						오후									
7	8	9	10	11	12	1	2	3	4	5	6	7	8	9	10

오늘의 준비

오늘의 할일을 적어봐요!

일어난 시간	시 분	날씨	☀ ⛅ 🌧 ⛄
숙제			
공부			
준비물			
오늘 꼭! 할 일			

34 소수3자리수의 뺄셈

5.475−3.596의 계산

5.475는 0.01이 5475개, 3.596은 0.001이 3596개입니다. 5.475−3.596은 0.001이 (5475−3596)개 있는 것이므로 0.001이 1879면 1.879입니다.

```
   4  13  16
   5̶. 4̶  7̶ 5   → 0.001이 5475개
 − 3. 5  9 6   → 0.001이 3596개
 ─────────────
   1. 8  7 9   → 0.001이 1879개
```

소수의 뺄셈도 자연수의 뺄셈과 똑 같습니다.
소수점 맞추어 계산하고, 점을 꼭 찍어줍니다.

아래 문제를 계산해 보세요.

1
```
  3.5 1 2
− 0.4 4 3
```

4
```
  4.4 2 3
− 2.6 3 5
```

7 5.572−2.796=

2
```
  2.5 6 4
− 1.2 7 1
```

5
```
  1 0.2
−   2.4 3
```

8 6.253−1.643=

3
```
  5.2 3 6
− 3.6 7 5
```

6
```
  6
− 3.4 4 3
```

9 12−3.345=

15 문제 중 ☐ 문제 맞았어!

10
$$6.111 - 3.231$$

11
$$2.364 - 1.777$$

12
$$4.436 - 2.745$$

13
$$10.76 - 8.97$$

14 $3.967 - 2.328 =$

15 $4.429 - 1.872 =$

 어제의 기록

어제했던 시간을 표시해봐요!

쿨쿨 잠자기	시	분
열심히 공부하기	시간	분
즐겁게 책읽기	시간	분
잼있게 놀기	시간	분

오전						오후								
7	8	9	10	11	12	1	2	3	4	5	6	7	8	9	10

오늘의 준비

오늘의 할일을 적어봐요!

일어난 시간	시	분	날씨				
숙제							
공부							
준비물							
오늘 꼭! 할일							

35 소수의 뺄셈(연습1)

아래 문제를 계산해 보세요.

1
$$11.8 - 5.6$$

2
$$0.71 - 0.44$$

3
$$1.57 - 0.25$$

4
$$4.56 - 0.78$$

5
$$22.3 - 0.65$$

6
$$12.12 - 9.36$$

7
$$42.3 - 13.49$$

8
$$3 - 2.913$$

9
$$4.126 - 2.752$$

10
$$3.203 - 1.528$$

11
$$5.431 - 2.563$$

12
$$8.352 - 3.846$$

13 $4.25 - 3.724 =$

15 $5.062 - 2.179 =$

14 $9.134 - 5.239 =$

16 $12.45 - 8.876 =$

 어제의 기록

어제했던 시간을 표시해봐요!

쿨쿨 잠자기	시	분
열심히 공부하기	시간	분
즐겁게 책읽기	시간	분
잼있게 놀기	시간	분

오전　　　오후

7　8　9　10　11　12　1　2　3　4　5　6　7　8　9　10

오늘의 준비

오늘의 할일을 적어봐요!

일어난 시간	시	분	날 씨	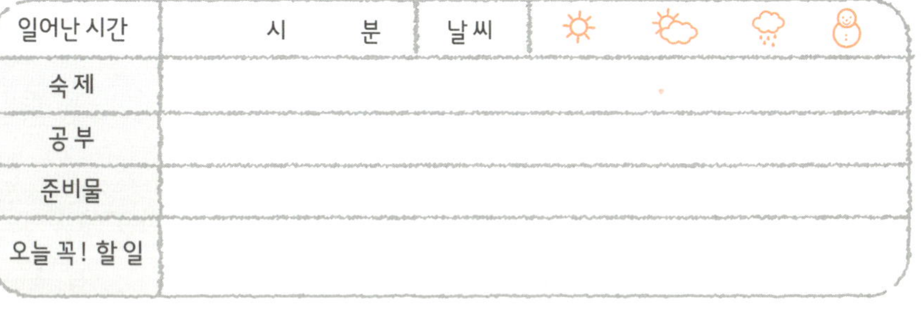
숙 제				
공 부				
준비물				
오늘 꼭! 할 일				

36 소수의 뺄셈(연습2)

아래 문제를 계산해 보세요.

1
```
   5 6.2
 −   7.6
```

2
```
   3.6
 − 0.7 3
```

3
```
   4.5 6
 − 0.9 7
```

4
```
   8.3 8
 − 5.6 9
```

5
```
   2 0.3 6
 −    5.6
```

6
```
   1 4.9 1
 −    8.0 4
```

7
```
   5 5.5 5
 −    5.5
```

8
```
   6.1 1
 − 3.8 9 4
```

9
```
   8.1 1 8
 − 0.6 4 1
```

10
```
   7.3 2 1
 − 4.5 8 2
```

11
```
   8.3 0 6
 − 3.6 2 7
```

12
```
   6.0 3 4
 − 2.8 4 6
```

16문제중 ◯문제 맞았어!

83

13 $7.654 - 6.467 =$

15 $4.525 - 2.298 =$

14 $6.247 - 4.856 =$

16 $23.24 - 18.79 =$

 ### 어제의 기록

어제했던 시간을 표시해봐요!

쿨쿨 잠자기	시	분
열심히 공부하기	시간	분
즐겁게 책읽기	시간	분
잼있게 놀기	시간	분

 ### 오늘의 준비

오늘의 할일을 적어봐요!

일어난 시간	시	분	날 씨	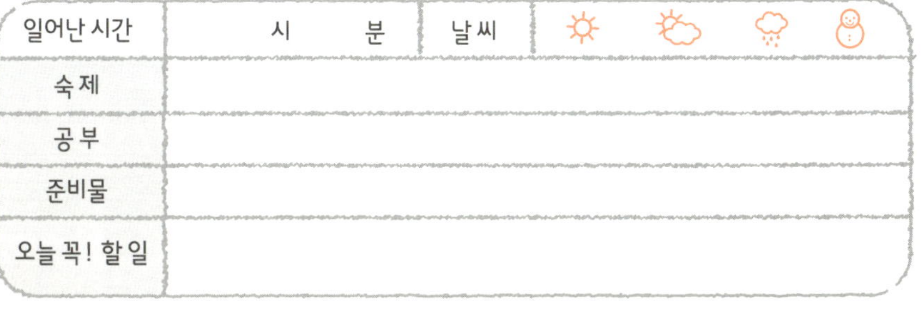
숙제				
공부				
준비물				
오늘 꼭! 할일				

37 곱셈 연습(3)

아래 사각계산연습표를 완성하세요. (시간을 재어 보세요)

×	5	7	2	4	3	9	6	8
5								
4								
2								
1								
7								
3								
9								
8								

66 문제 중 ◯ 문제 맞았어!

65 312×36=

66 907×54=

어제의 기록

쿨쿨 잠자기　　　　　시간　　분

열심히 공부하기　　　시간　　분

즐겁게 책읽기　　　　시간　　분

잼있게 놀기　　　　　시간　　분

어제했던 시간을 표시해봐요!

오전　오후

7 8 9 10 11 12 1 2 3 4 5 6 7 8 9 10

오늘의 준비

오늘의 할일을 적어봐요!

일어난 시간	시	분	날 씨				
숙 제							
공 부							
준비물							
오늘 꼭! 할일							

오늘의 나와 가장 가까운 답에 O표 하세요!

✦ 오늘의 기분은 어때요?　　　☐ 좋아요.　☐ 나빠요.　☐ 그냥 그래요.

✦ 아침밥을 먹었나요?　　　　　　　☐ 네.　☐ 아니요.

✦ 친구하고 사이좋게 지내고 있나요?　☐ 네.　☐ 아니요.

✦ 오늘도 힘찬 하루를 보낼 준비 됐나요?　☐ 네.　☐ 아니요.

✦ 오늘은 ☐ 즐거울거 ☐ 슬플거 ☐ 기타(　　　) 같아요!

38 나눗셈 연습(3)

아래 나눗셈의 몫과 나머지를 구하세요.

1 21⟌205

2 13⟌753

3 37⟌596

4 33⟌776

5 46⟌664

6 27⟌822

7 52⟌726

8 39⟌854

9 44⟌632

11문제 중 ⬤문제 맞았어!

10 534÷16=

11 872÷37=

🐤 어제의 기록

어제했던 시간을 표시해봐요!

쿨쿨 잠자기	시간	분
열심히 공부하기	시간	분
즐겁게 책읽기	시간	분
잼있게 놀기	시간	분

오전 　 오후

7 8 9 10 11 12 1 2 3 4 5 6 7 8 9 10

🐻 오늘의 준비

오늘의 할일을 적어봐요!

일어난 시간	시	분	날 씨	☀	⛅	🌧	⛄
숙 제							
공 부							
준비물							
오늘 꼭! 할 일							

✦ 오늘의 나와 가장 가까운 답에 O표 하세요!

- ✦ 오늘의 기분은 어때요?　　□ 좋아요.　□ 나빠요.　□ 그냥 그래요.
- ✦ 아침밥을 먹었나요?　　□ 네.　□ 아니요.
- ✦ 친구하고 사이좋게 지내고 있나요?　　□ 네.　□ 아니요.
- ✦ 오늘도 힘찬 하루를 보낼 준비 됐나요?　　□ 네.　□ 아니요.
- ✦ 오늘은 □ 즐거울거　□ 슬플거　□ 기타(　　　) 같아요!

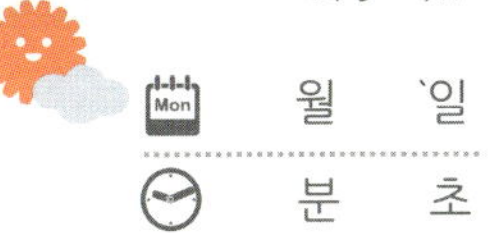

39 평행사변형

평행사변형

마주 보는 두 쌍의 변이 서로 평행한 사각형

평행사변형은 마주 보는 변의 길이는 항상 똑 같습니다.

평행사변형은 마주 보는 각의 크기가 항상 똑 같습니다.

한 쪽의 길이를 알면 마주 보는 변의 길이를 알 수 있고,

한 쪽의 각도를 알면 모든 각도를 알 수 있습니다. 옆의 각도는 180°에서 뺀 각입니다.

□ 안에 알맞은 수를 써넣으세요.

1

3

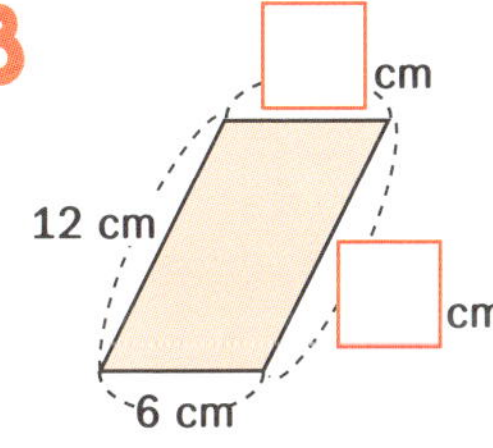

5

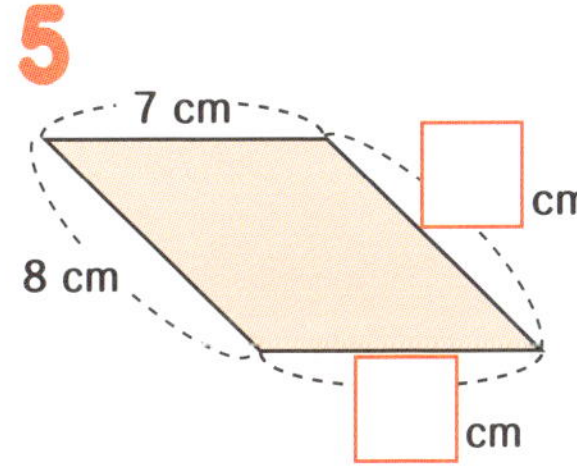

2

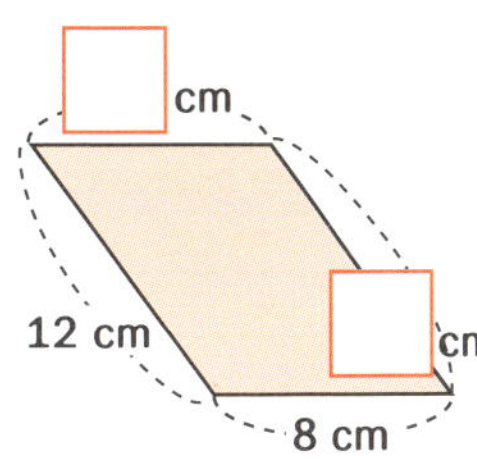

4

6

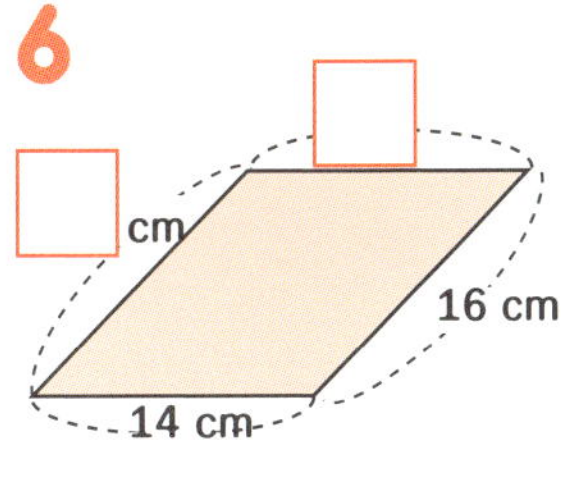

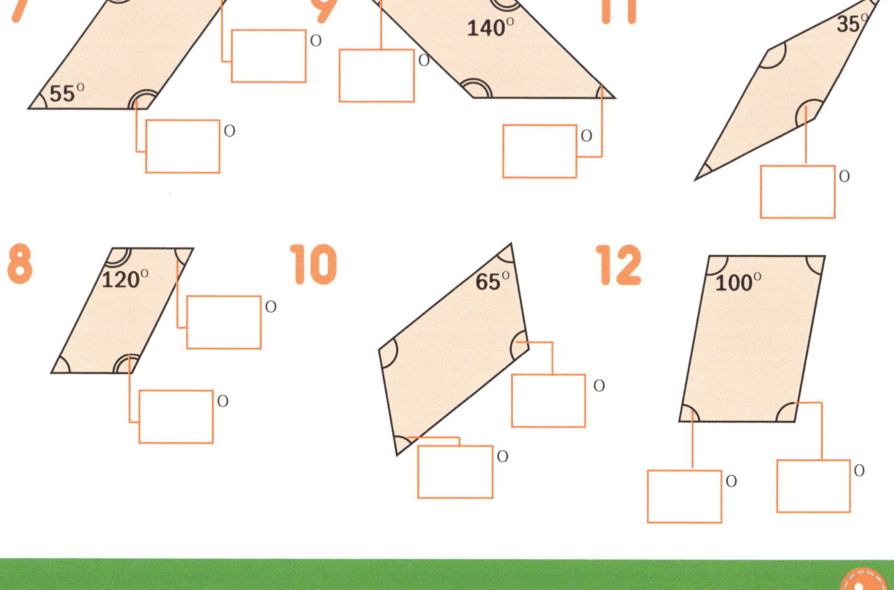

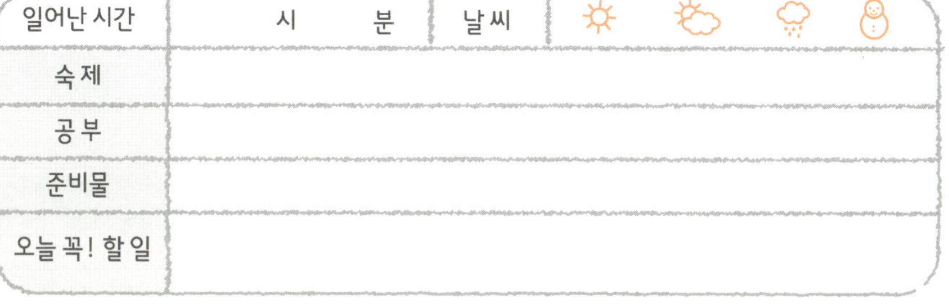

어제의 기록

어제했던 시간을 표시해봐요!

쿨쿨 잠자기	시	분
열심히 공부하기	시간	분
즐겁게 책읽기	시간	분
잼있게 놀기	시간	분

오늘의 준비

오늘의 할일을 적어봐요!

일어난 시간	시	분	날 씨				
숙 제							
공 부							
준비물							
오늘 꼭! 할일							

40 마름모

마름모

네변의 길이가 모두 같은 평행사변형(사각형)

마름모는 네 변의 길이가 모두 같습니다.

마주보는 두 쌍의 변이 서로 평행합니다.

한쪽의 길이를 알면 모든 변의 길이를 알 수 있습니다.

한쪽의 각도를 알면 모든 각도를 알 수 있습니다. 옆의 각도는 180°에서 뺀 각입니다.

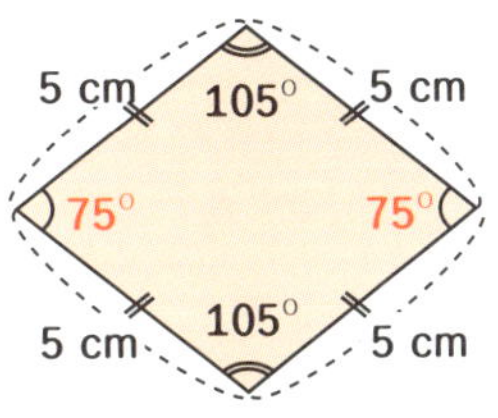

□ 안에 알맞은 수를 써 넣으세요.

1
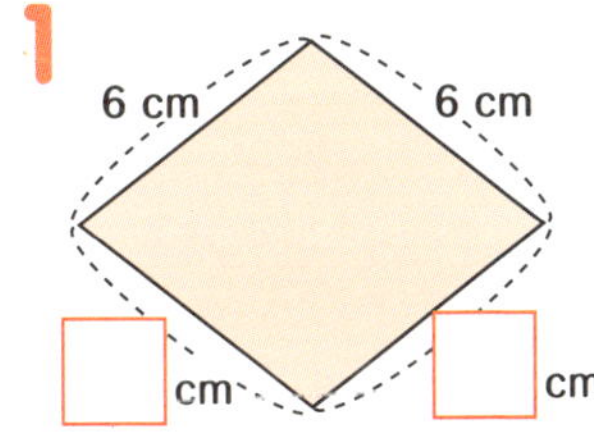

3
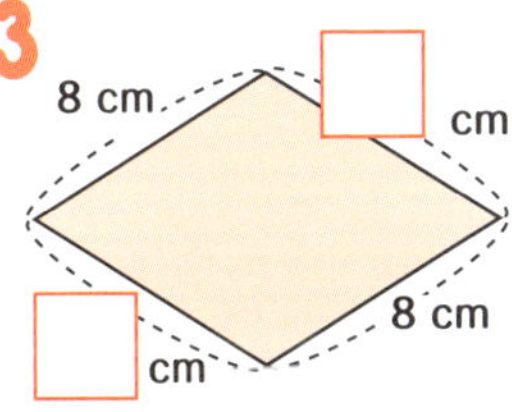

5
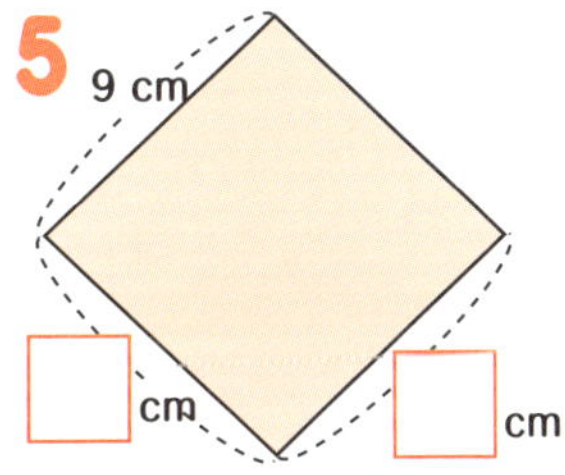

2
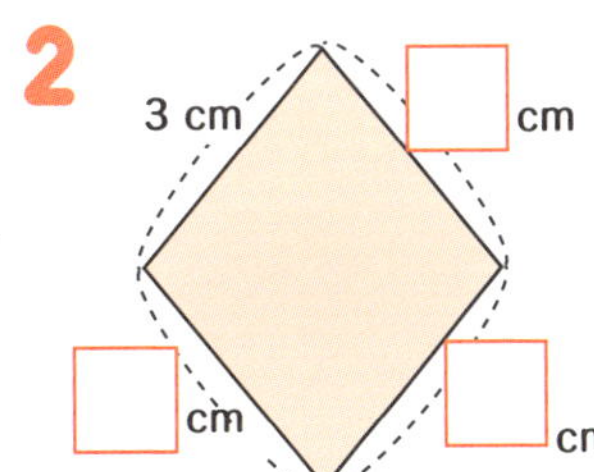

4
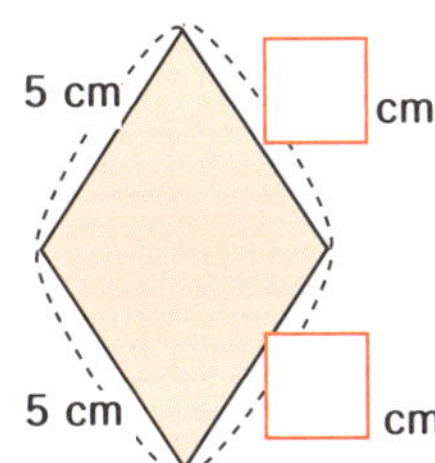

6
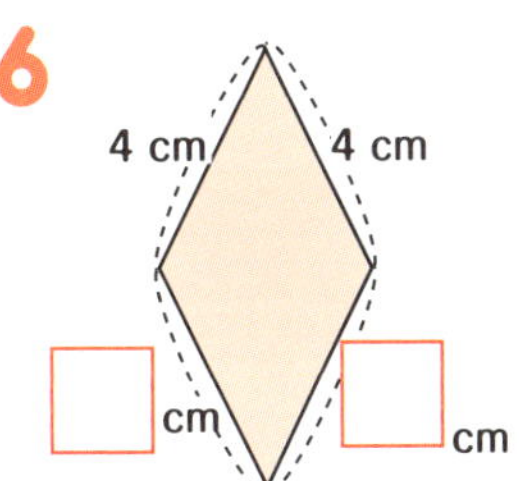

12 문제 중 　 문제 맞았어!

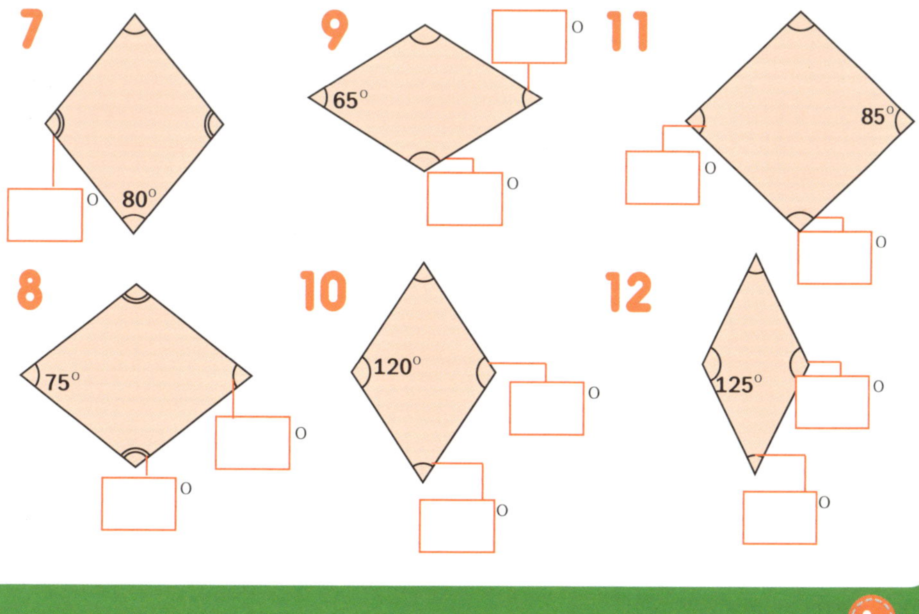

어제의 기록

어제했던 시간을 표시해봐요!

쿨쿨 잠자기	시	분
열심히 공부하기	시간	분
즐겁게 책읽기	시간	분
잼있게 놀기	시간	분

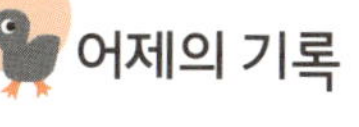

오늘의 준비

오늘의 할일을 적어봐요!

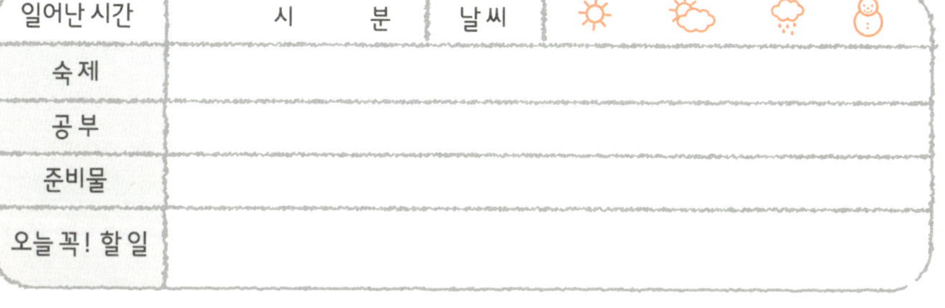

일어난 시간	시	분	날씨				
숙제							
공부							
준비물							
오늘 꼭! 할일							

41 직사각형과 정사각형

 **직사각형**

네 각이 모두 직각(90°)이고, 마주보는 각이 평행합니다.

직사각형은 마주 보는 변의 길이가 항상 똑 같습니다.

직사각형은 네개의 각의 크기는 항상 90° 입니다.

한쪽의 길이를 알면 마주보는 변의 길이를 알 수 있고,

모든 각의 크기는 90°입니다. 네 변이 모두 같으면 정사각형이 됩니다.

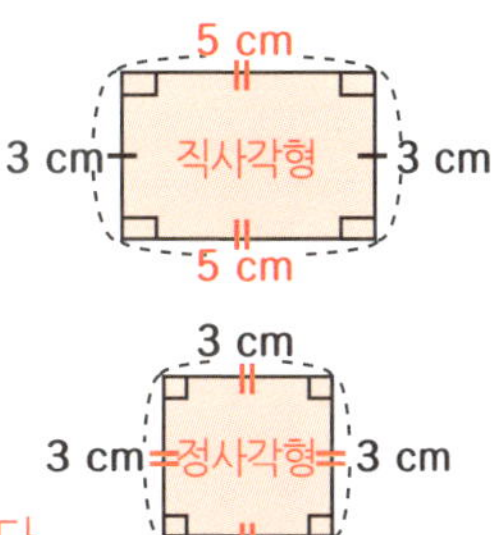

 ☐안에 알맞은 수를 써 넣으세요.

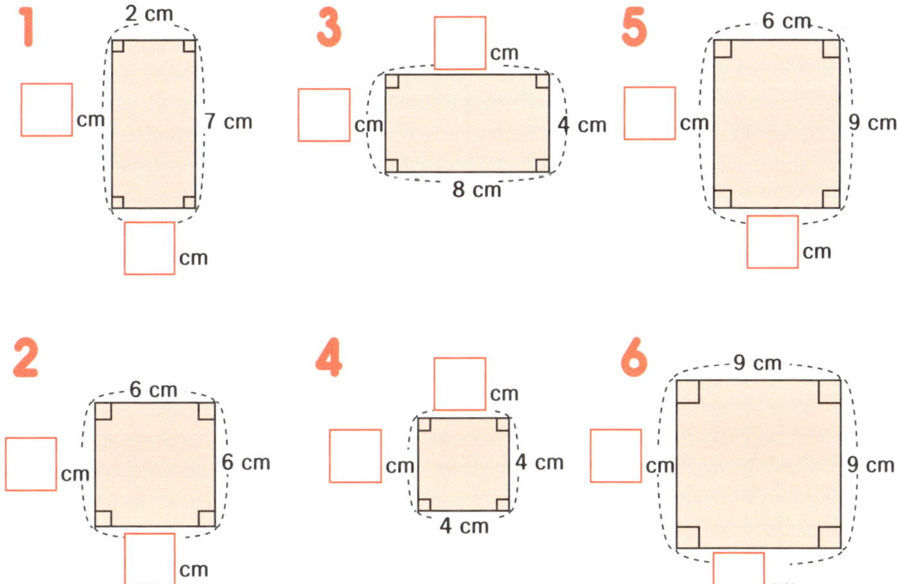

7
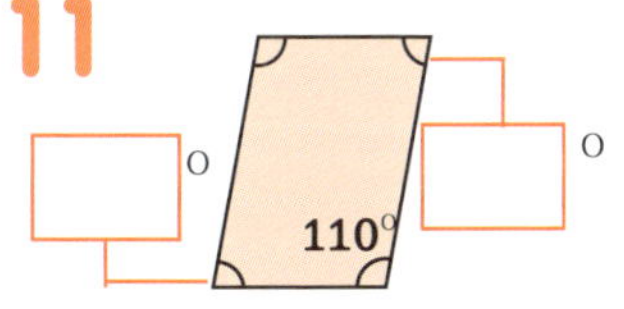

9

11

8
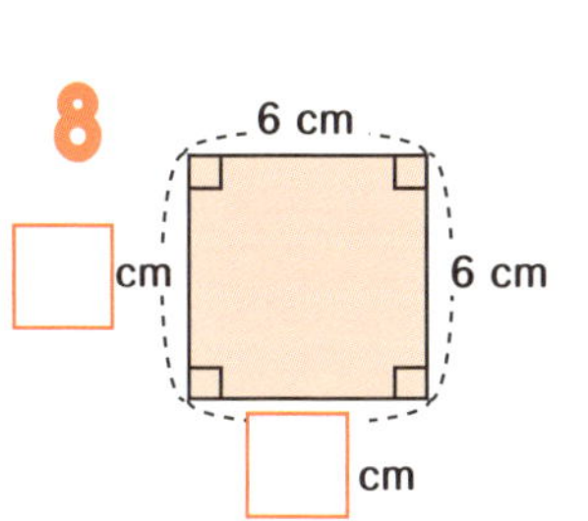

10
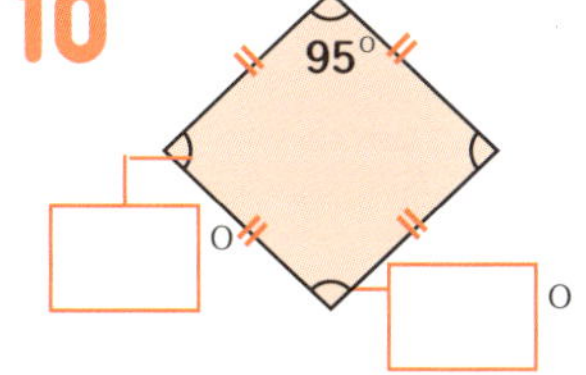

12

 어제의 기록

어제했던 시간을 표시해봐요!

쿨쿨 잠자기	시	분
열심히 공부하기	시간	분
즐겁게 책읽기	시간	분
잼있게 놀기	시간	분

오늘의 준비

오늘의 할일을 적어봐요!

일어난 시간	시	분	날씨				
숙제							
공부							
준비물							
오늘 꼭! 할일							

월 일
분 초

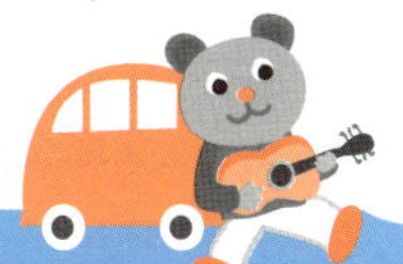

42 사각형

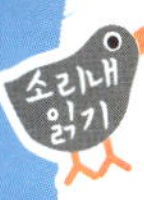

소리내 읽기

사다리꼴	평행사변형	마름모	직사각형	정사각형
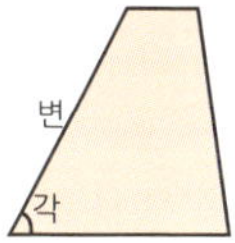				
변이 4개 평행인 변이 있음 변과 각은 같을 수도 다를 수도 있음.	변이 4개 마주 보는 변이 평행 두 변씩 길이가 같음 두 각씩 각도가 같음 두 변이 평행인 사다리꼴	변이 4개 마주 보는 변이 평행 네 변이 모두 길이가 같음 두 각씩 각도가 같음 네 변이 같은 평행사변형	변이 4개 마주 보는 변이 평행 두 변씩 길이가 같음 네 각이 모두 90°	변이 4개 마주 보는 변이 평행 네 변의 길이가 모두 같음 네 각이 모두 90° 네 변이 같은 직사각형

변
각

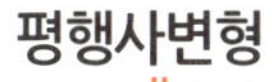

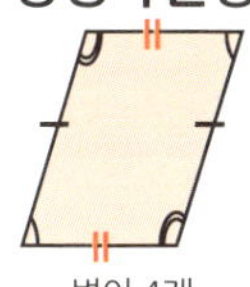

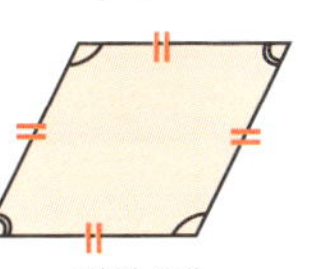

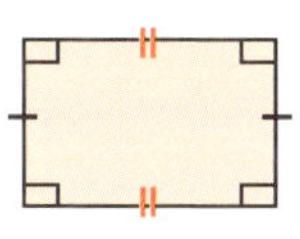

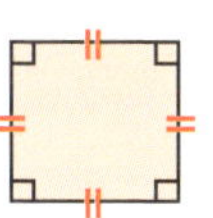

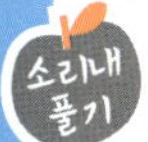

소리내 풀기

사각형의 이름을 모두 적고 □ 안에 알맞은 수를 써 넣으세요.

1

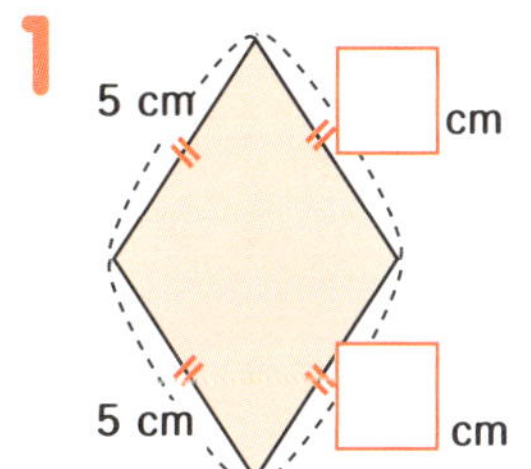

5 cm
□ cm
5 cm
□ cm

사다리꼴 , 평행사변형

마름모

2

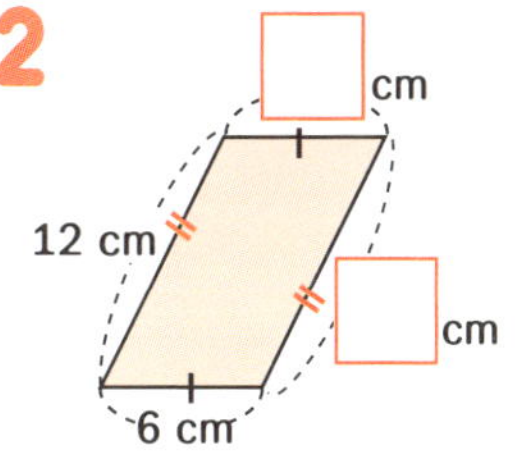

□ cm
12 cm
□ cm
6 cm

사다리꼴 , 평행사변형

3

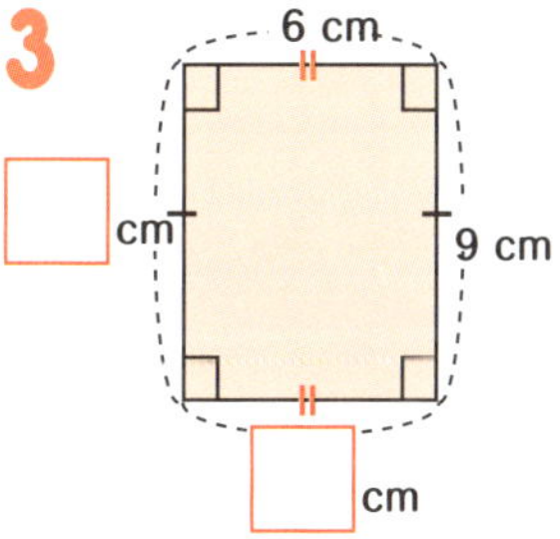

6 cm
□ cm
9 cm
□ cm

사다리꼴 , 평행사변형

직사각형

4

6 cm
□ cm
6 cm
□ cm

,

5

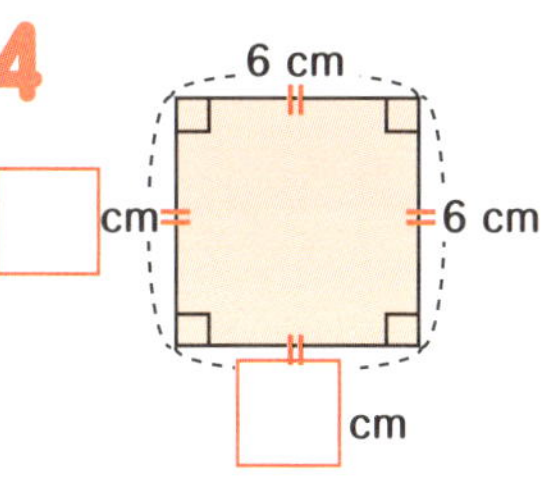

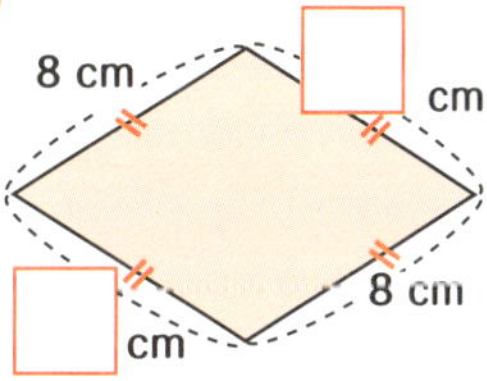

8 cm
□ cm
8 cm
□ cm

,

6

7 cm
□ cm
8 cm
□ cm

,

12 문제 중 ( ) 문제 맞았어!

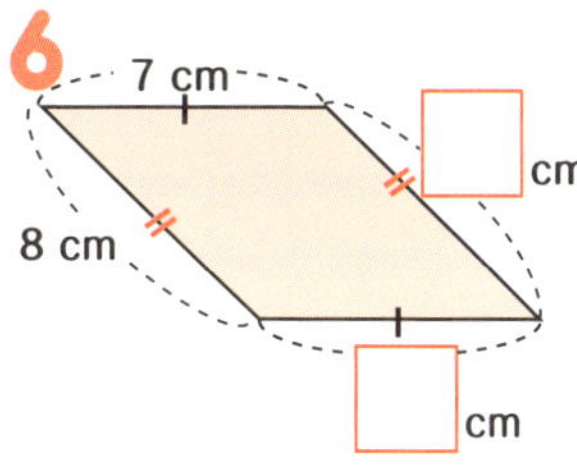

7 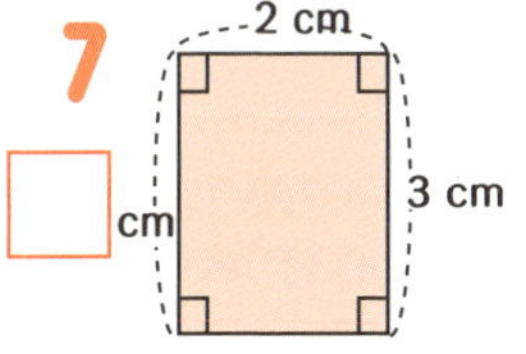

9 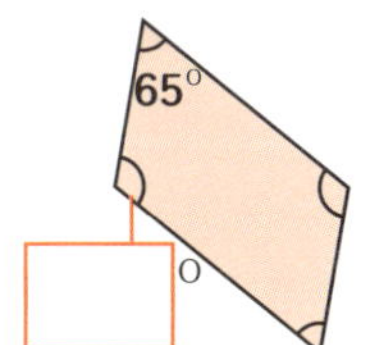

11 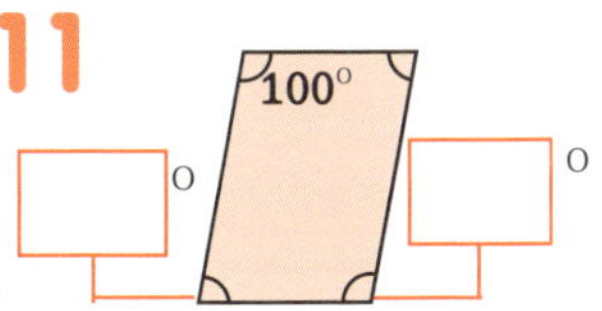

8 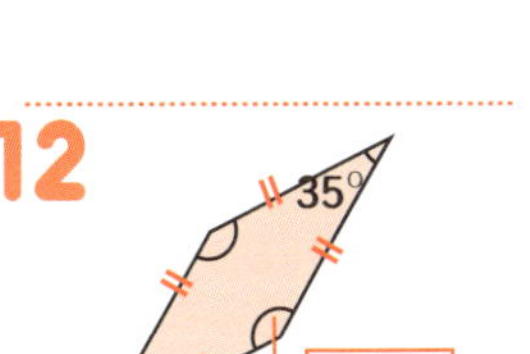

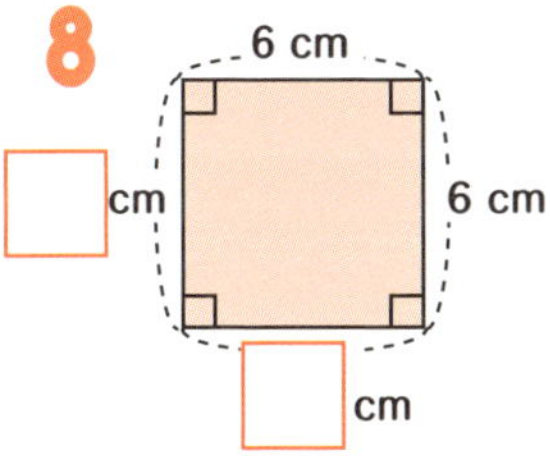

10 

12 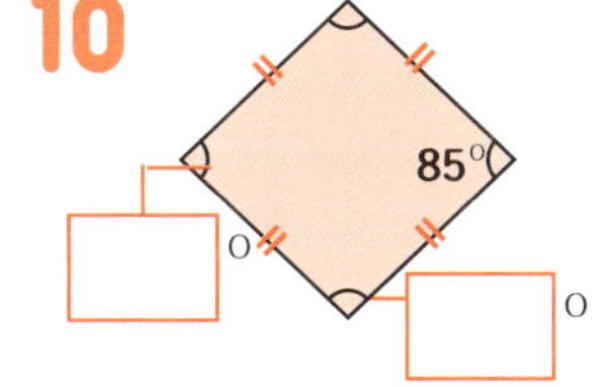

 어제의 기록

어제했던 시간을 표시해봐요!

쿨쿨 잠자기	시	분				
열심히 공부하기	시간	분				
즐겁게 책읽기	시간	분				
잼있게 놀기	시간	분				

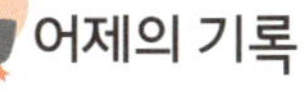

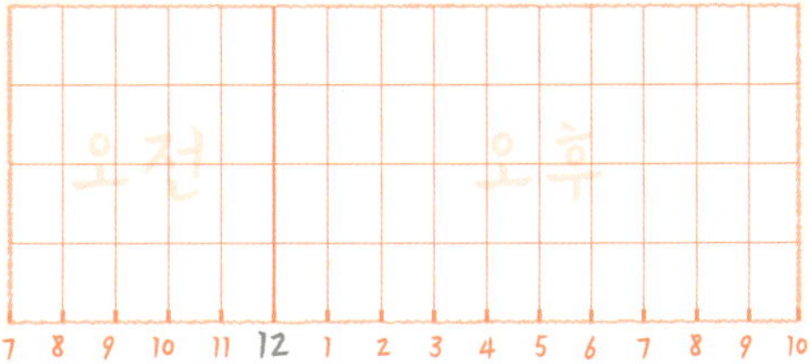

 오늘의 준비

오늘의 할일을 적어봐요!

일어난 시간	시	분	날 씨				
숙 제							
공 부							
준비물							
오늘 꼭! 할 일							

43 직사각형과 정사각형의 둘레

소리내 읽기

직사각형의 둘레

직사각형의 둘레 = (가로+세로) × 2

같은 길이의 변이 2개씩이므로 가로와 세로를 2배

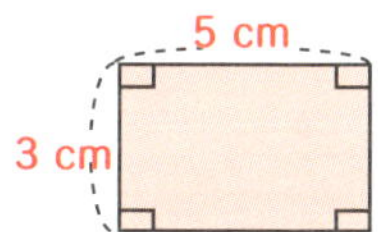

옆 직사각형의 넓이
=(가로+세로) × 2
=(5 + 3) × 2 = 16

정사각형의 둘레

정사각형의 둘레 = (한변의 길이) × 4

네변의 길이가 모두 같기때문에 한변을 4배 해줍니다.

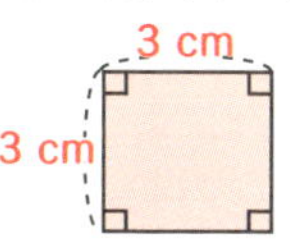

옆 정사각형의 둘레
=(한변의 길이) × 4
=(3) × 4 = 12

소리내 풀기

아래 사각형의 둘레를 구하세요.

1

4 cm
11 cm

3

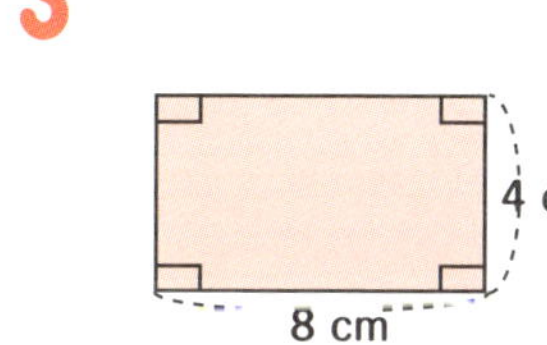
4 cm
8 cm

5

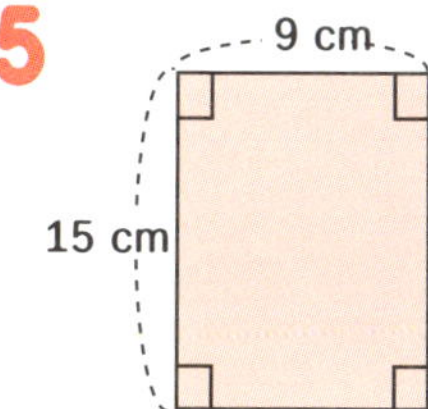
9 cm
15 cm

둘레 : _______ cm   둘레 : _______ cm   둘레 : _______ cm

2

7 cm
7 cm

4

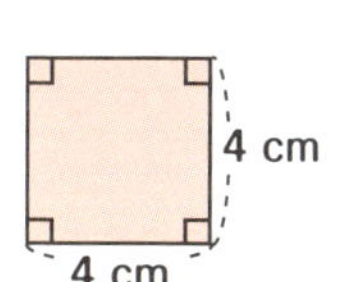
4 cm
4 cm

6

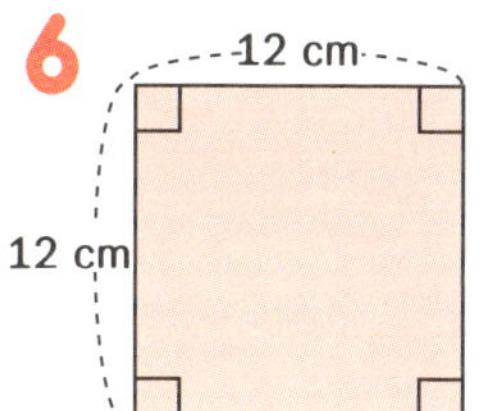
12 cm
12 cm

둘레 : _______ cm   둘레 : _______ cm   둘레 : _______ cm

12 문제 중 　 문제 맞았어!

7 5 cm · 15 cm

9 9 cm · 17 cm

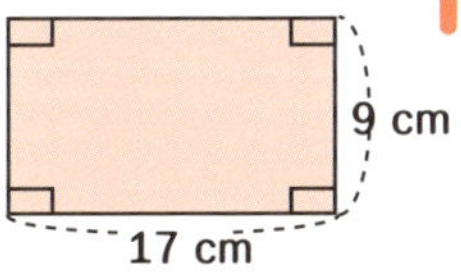

11 11 cm · 24 cm

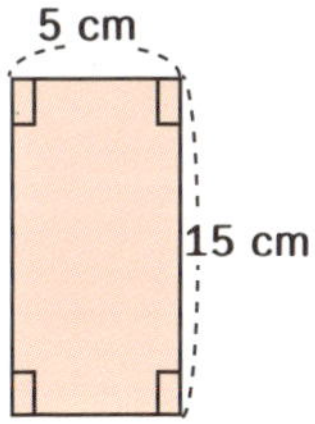

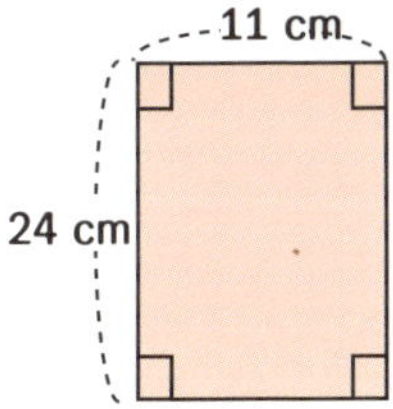

둘레 :＿＿＿＿＿ cm   둘레 :＿＿＿＿＿ cm   둘레 :＿＿＿＿＿ cm

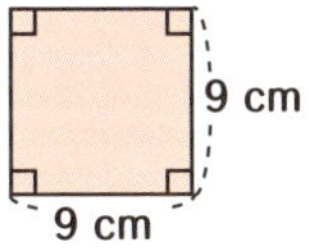

8 11 cm · 11 cm

10 9 cm · 9 cm

12 25 cm · 25 cm

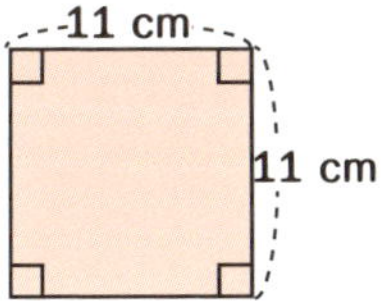

둘레 :＿＿＿＿＿ cm   둘레 :＿＿＿＿＿ cm   둘레 :＿＿＿＿＿ cm

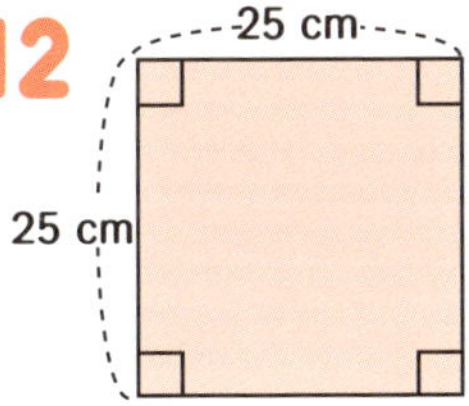

어제의 기록

어제했던 시간을 표시해봐요!

쿨쿨 잠자기	시	분
열심히 공부하기	시간	분
즐겁게 책읽기	시간	분
잼있게 놀기	시간	분

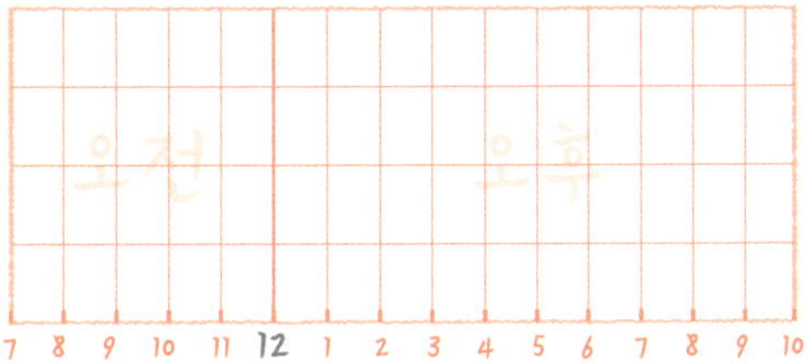

오전   오후

7 8 9 10 11 12 1 2 3 4 5 6 7 8 9 10

오늘의 준비

오늘의 할일을 적어봐요!

일어난 시간	시	분	날 씨				
숙제							
공부							
준비물							
오늘 꼭! 할 일							

44 단위넓이 1cm²

넓이

도형의 넓이를 나타낼 때는 한 변의 길이가
1 cm인 정사각형의 넓이를 단위넓이로
사용합니다. 이 정사각형의 넓이를 1 cm²라
쓰고 1제곱센티미터라고
읽습니다.
cm²은 cm를 두 번 곱했다는 의미로
넓이의 단위 중 하나입니다.

1 cm

1 cm　1 cm²

직사각형의 넓이 (단위넓이가 몇 개?)

직사각형의 넓이 = 가로×세로

3 cm

5 cm

단위넓이가 옆으로 3개, 밑으로 5개
있으므로 3개 묶음이 5개 있으면
3 × 5 을 해서 구합니다.

옆 사각형의 넓이
=(가로의 길이) × (세로의 길이)
= 3 × 5 = 15 cm²

아래 사각형의 넓이를 구하세요.

1

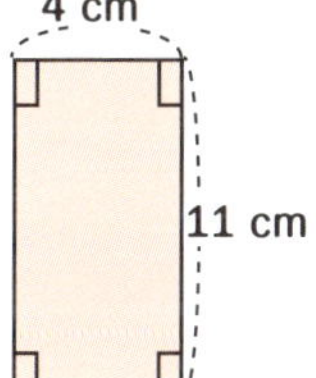

3

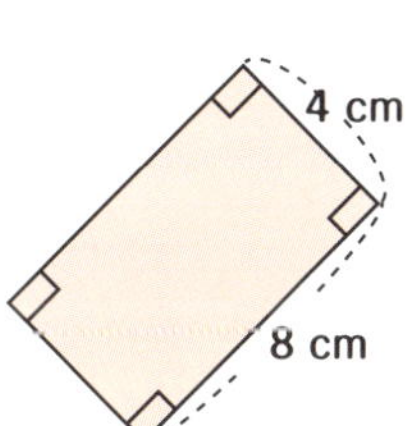

5

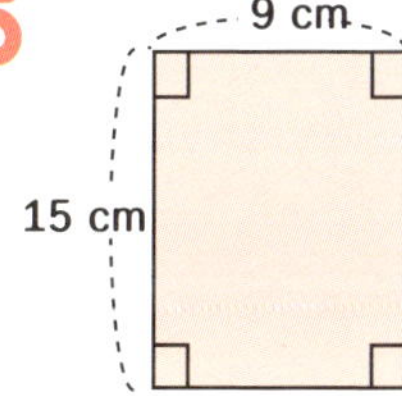

넓이 : ________ cm²　넓이 : ________ cm²　넓이 : ________ cm²

2

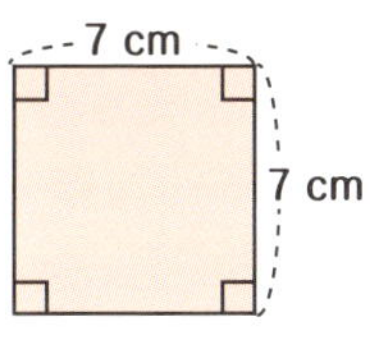

4

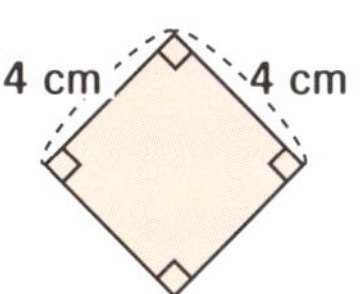

6

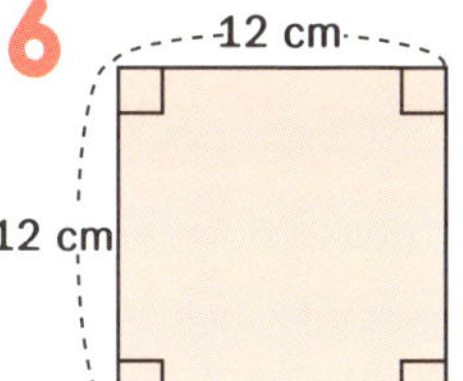

정사각형의 넓이 = 한 변×한 변

넓이 : ________ cm²　넓이 : ________ cm²　넓이 : ________ cm²

7

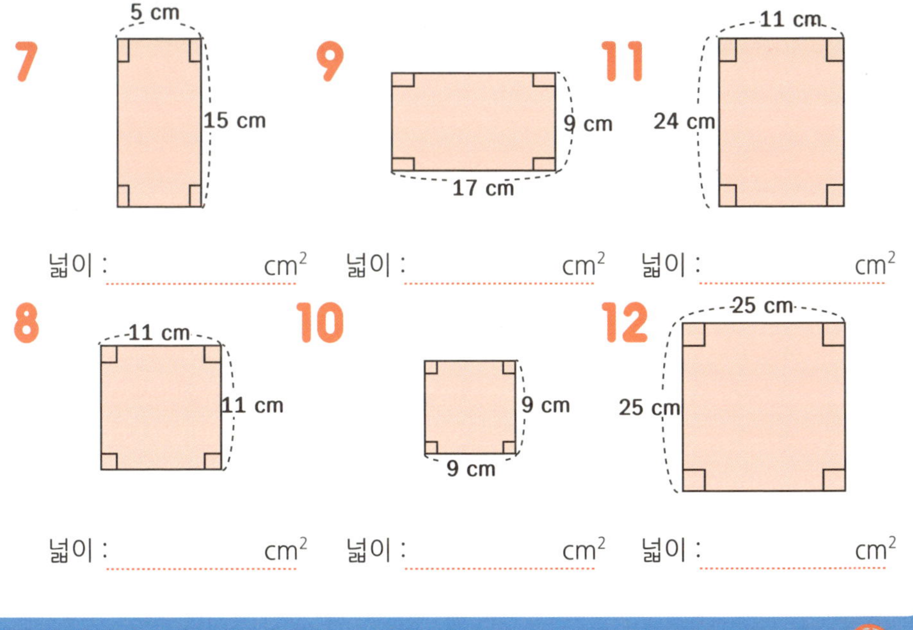

넓이 :　　　　　cm²

9

넓이 :　　　　　cm²

11

넓이 :　　　　　cm²

8

넓이 :　　　　　cm²

10

넓이 :　　　　　cm²

12

넓이 :　　　　　cm²

어제의 기록

어제했던 시간을 표시해봐요!

쿨쿨 잠자기	시	분
열심히 공부하기	시간	분
즐겁게 책읽기	시간	분
잼있게 놀기	시간	분

오전　　　오후

7 8 9 10 11 12 1 2 3 4 5 6 7 8 9 10

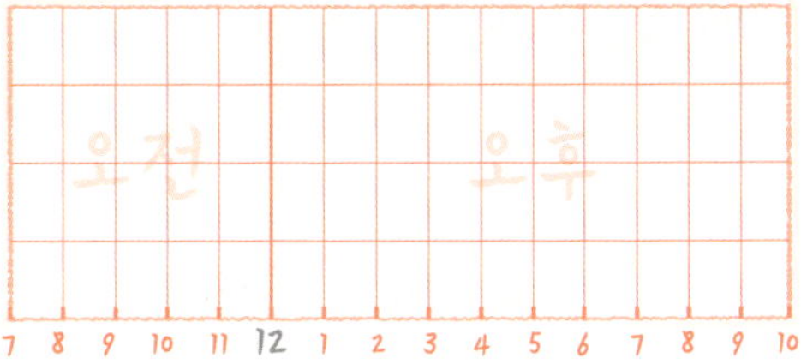

오늘의 준비

오늘의 할일을 적어봐요!

일어난 시간	시	분	날씨				
숙제							
공부							
준비물							
오늘 꼭! 할일							

45 여러 도형의 넓이(연습1)

아래 도형의 색칠한 부분의 넓이를 구하세요.

1
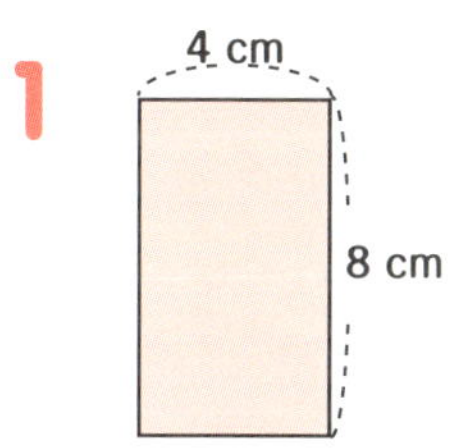

넓이 : _______ cm^2

4
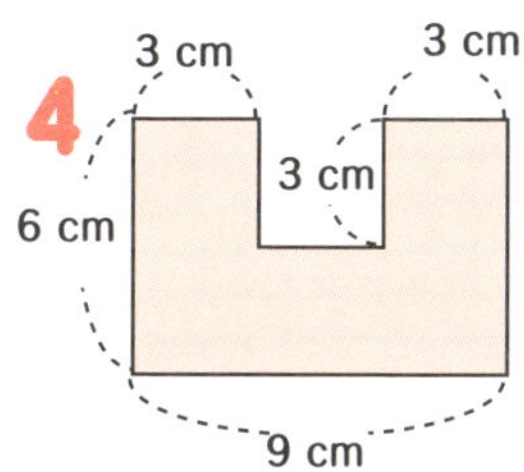

각 부분으로
나누어 계산해서
합해도 되고,
전체를 구해서
없는 부분을
빼도 됩니다.

넓이 : _______ cm^2

2
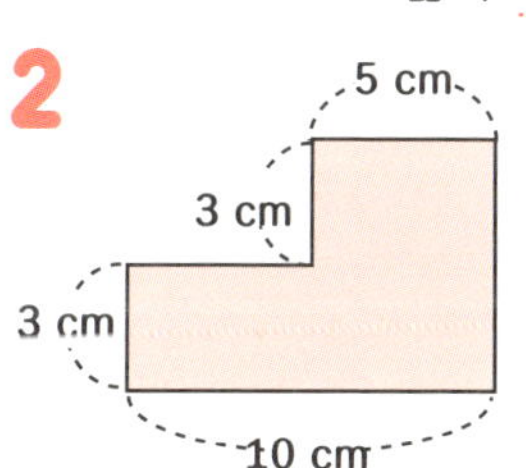

각 부분으로
나누어 계산하고
합하세요.

넓이 : _______ cm^2

5
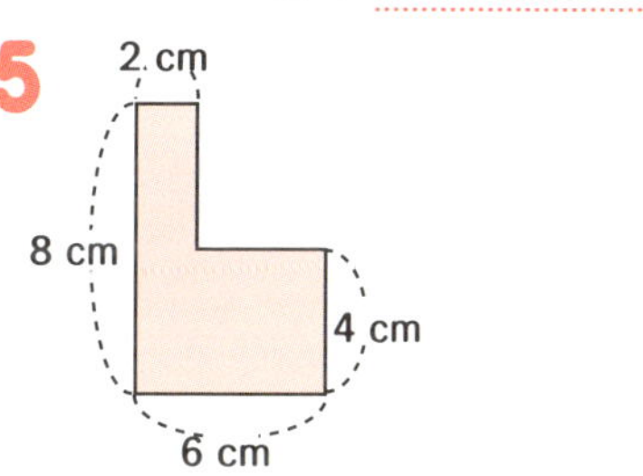

넓이 : _______ cm^2

3
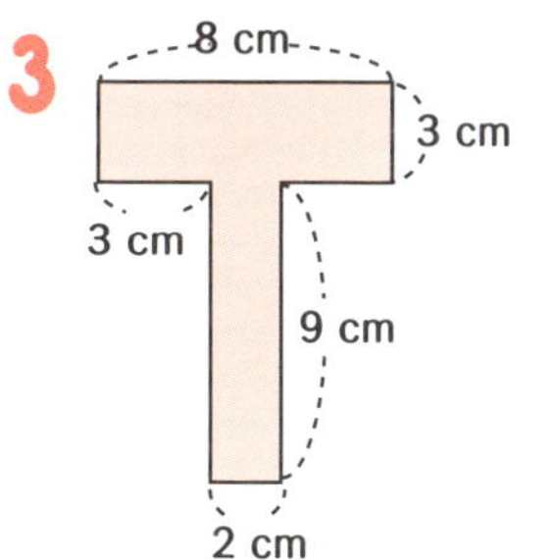

넓이 : _______ cm^2

6
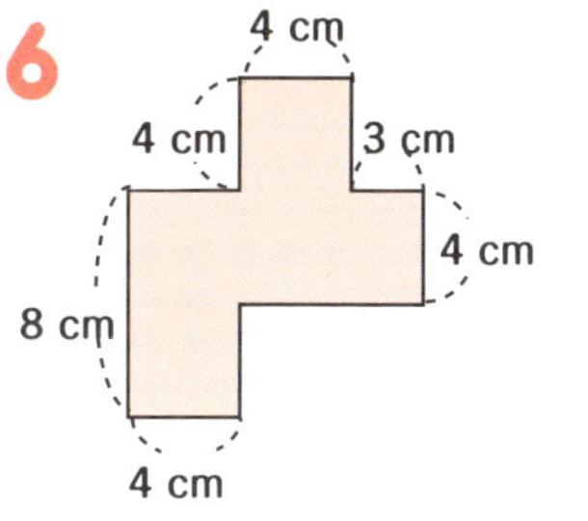

넓이 : _______ cm^2

7
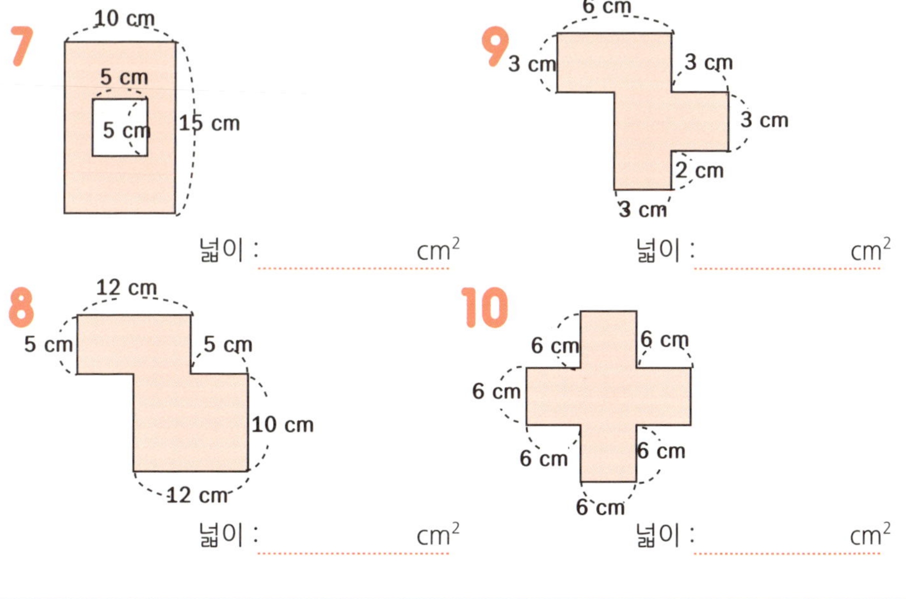

넓이 : _______ cm²

9

넓이 : _______ cm²

8

넓이 : _______ cm²

10

넓이 : _______ cm²

 어제의 기록

쿨쿨 잠자기	시	분	
열심히 공부하기	시간	분	
즐겁게 책읽기	시간	분	
잼있게 놀기	시간	분	

어제했던 시간을 표시해봐요!

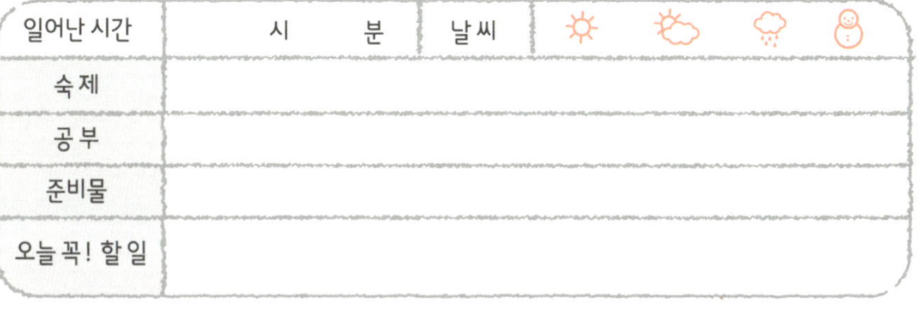

오늘의 준비

오늘의 할일을 적어봐요!

일어난 시간	시	분	날 씨	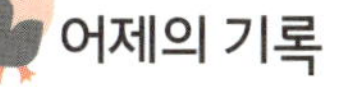
숙 제				
공 부				
준비물				
오늘 꼭! 할일				

46 여러 도형의 넓이(연습2)

아래 도형의 색칠한 부분의 넓이를 구하세요.

1

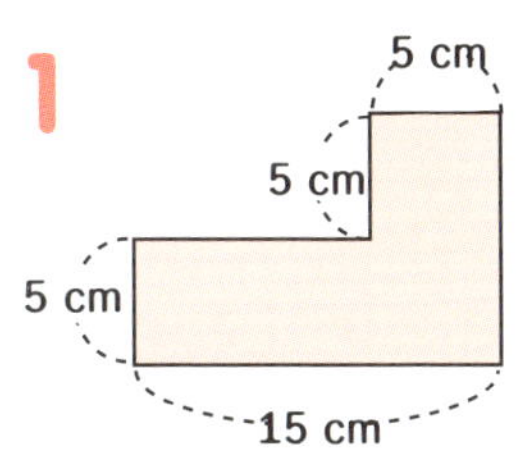

넓이 : _______ cm²

2

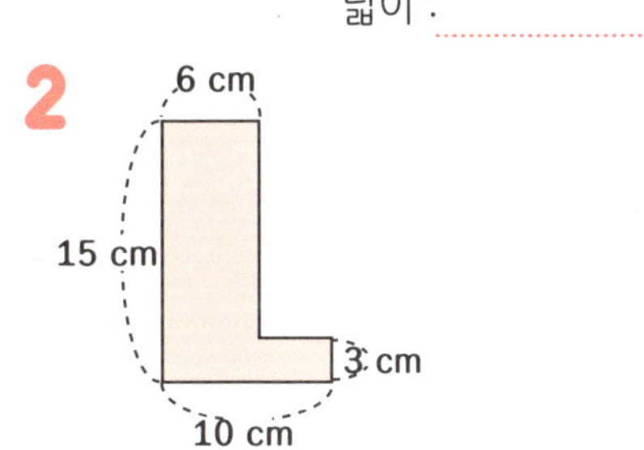

넓이 : _______ cm²

3

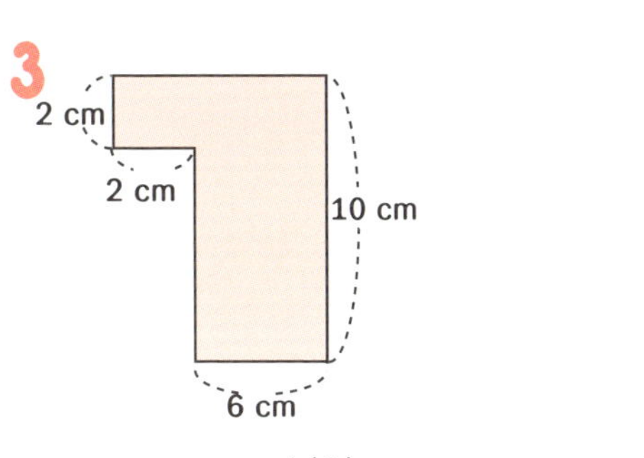

넓이 : _______ cm²

4

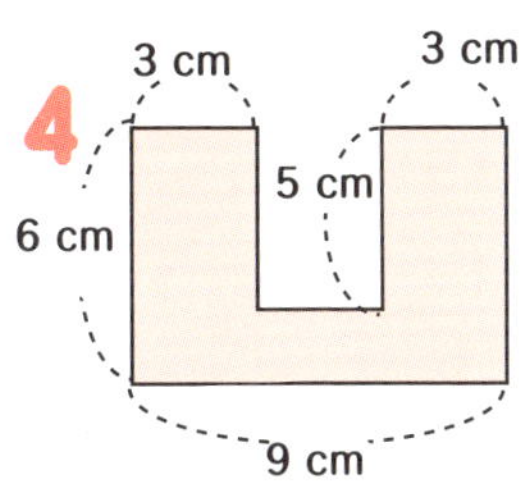

넓이 : _______ cm²

5

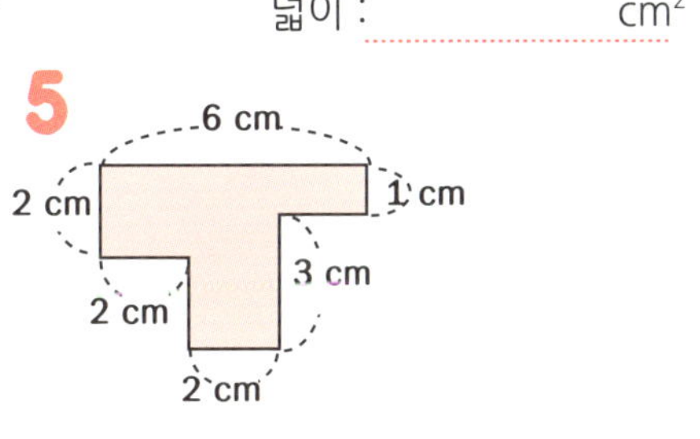

넓이 : _______ cm²

6

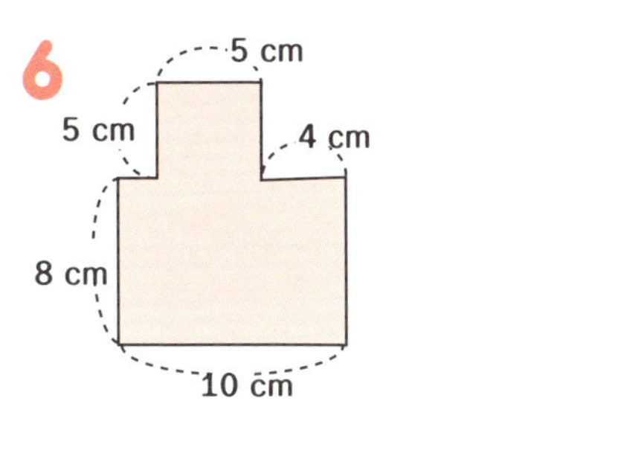

넓이 : _______ cm²

10 문제 중 ◯ 문제 맞았어!

7

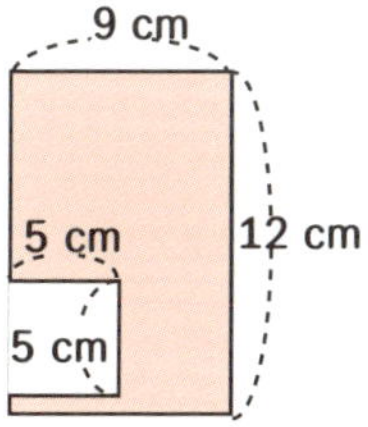

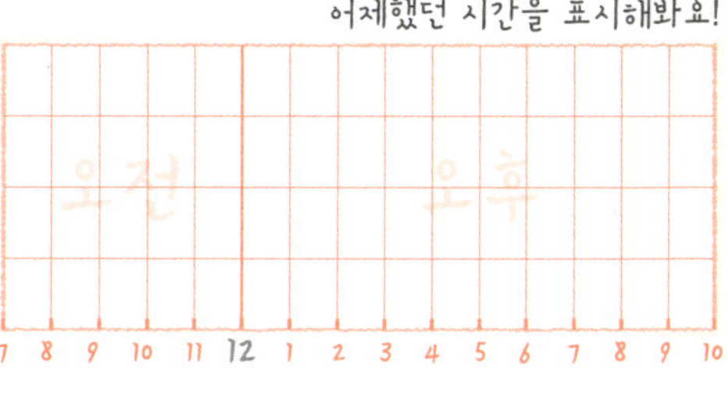

9

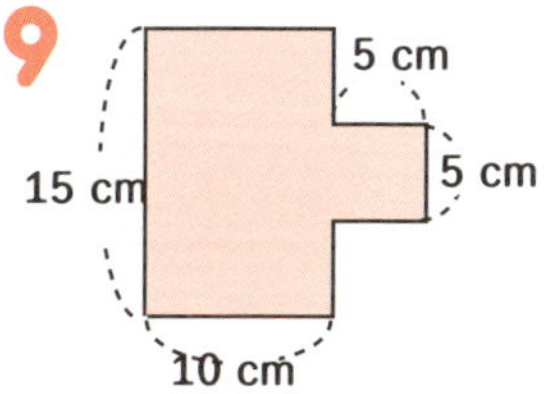

넓이 : _____________ cm²

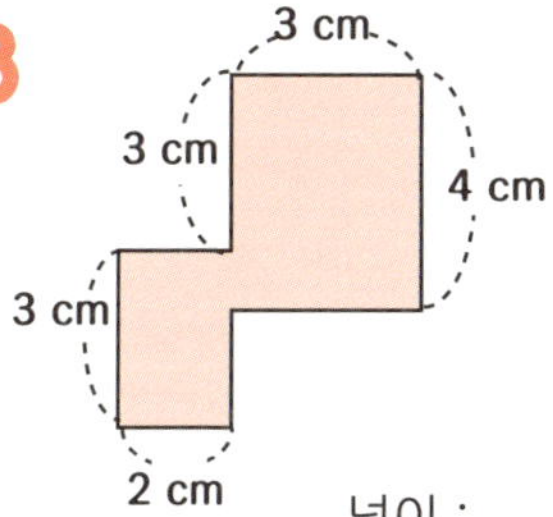

넓이 : _____________ cm²

8

10

넓이 : _____________ cm²

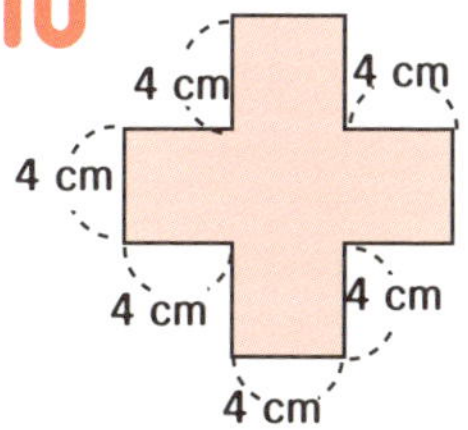

넓이 : _____________ cm²

 ## 어제의 기록

어제했던 시간을 표시해봐요!

쿨쿨 잠자기	시	분
열심히 공부하기	시간	분
즐겁게 책읽기	시간	분
잼있게 놀기	시간	분

오전　　　오후

7 8 9 10 11 12 1 2 3 4 5 6 7 8 9 10

 ## 오늘의 준비

오늘의 할일을 적어봐요!

일어난 시간	시	분	날 씨	☀	⛅	🌧	⛄
숙 제							
공 부							
준비물							
오늘 꼭! 할일							

47 여러 도형의 넓이(연습3)

아래 도형의 색칠한 부분의 넓이를 구하세요.

1
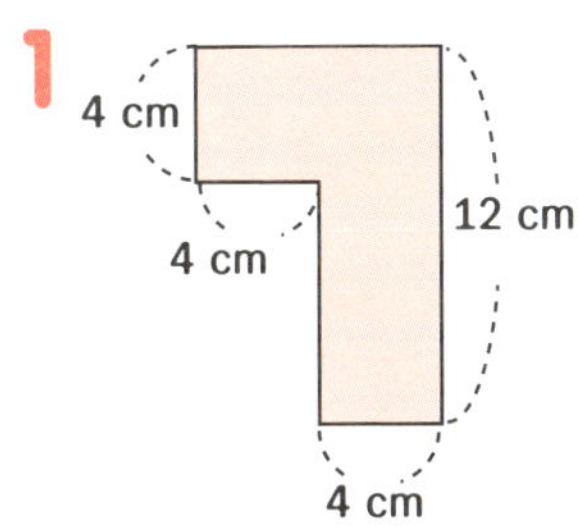

넓이 : ___________ cm²

4
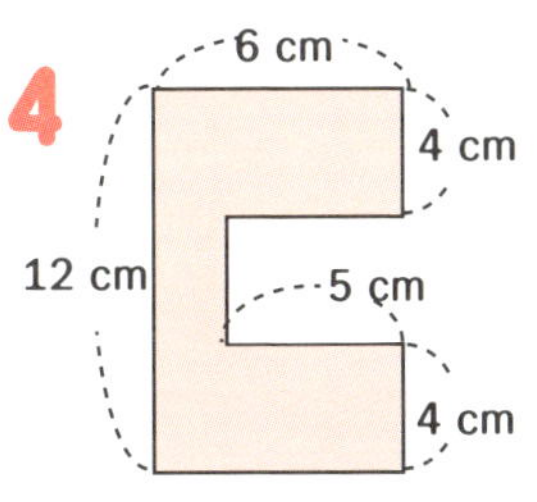

넓이 : ___________ cm²

2
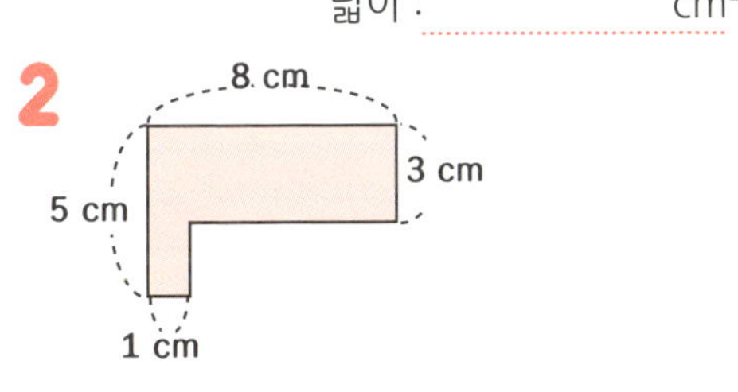

넓이 : ___________ cm²

5
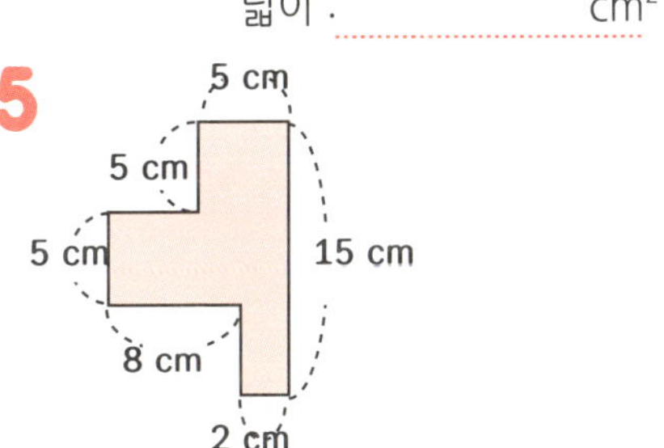

넓이 : ___________ cm²

3
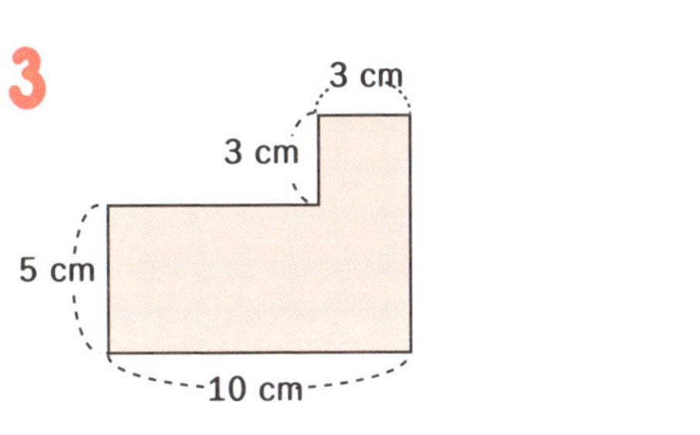

넓이 : ___________ cm²

6
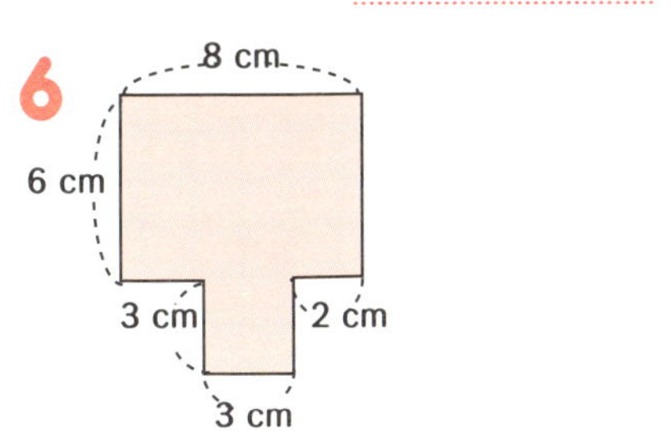

넓이 : ___________ cm²

 10 문제 중  문제 맞았어!

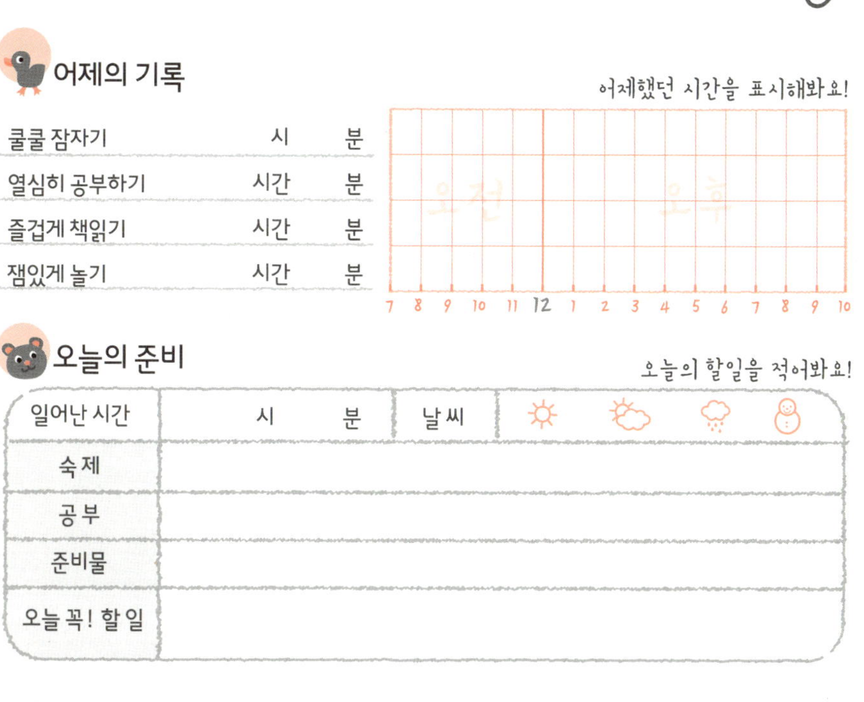

어제의 기록

어제했던 시간을 표시해봐요!

쿨쿨 잠자기	시	분
열심히 공부하기	시간	분
즐겁게 책읽기	시간	분
잼있게 놀기	시간	분

오늘의 준비

오늘의 할일을 적어봐요!

일어난 시간	시	분	날씨				
숙제							
공부							
준비물							
오늘 꼭! 할일							

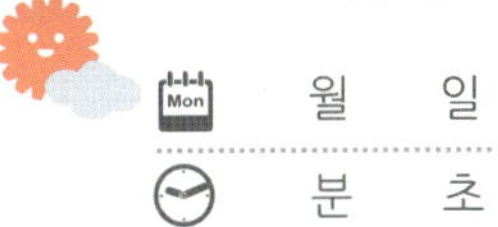

48 곱셈 연습(4)

아래 사각계산연습표를 완성하세요. (시간을 재어 보세요)

1

$$\begin{array}{r} 1237 \\ \times\ \ \ \ 32 \\ \hline \end{array}$$

4

$$\begin{array}{r} 5968 \\ \times\ \ \ \ 47 \\ \hline \end{array}$$

7

$$\begin{array}{r} 9685 \\ \times\ \ \ \ 74 \\ \hline \end{array}$$

2

$$\begin{array}{r} 2746 \\ \times\ \ \ \ 56 \\ \hline \end{array}$$

5

$$\begin{array}{r} 5619 \\ \times\ \ \ \ 67 \\ \hline \end{array}$$

8

$$\begin{array}{r} 1082 \\ \times\ \ \ \ 36 \\ \hline \end{array}$$

3

$$\begin{array}{r} 3157 \\ \times\ \ \ \ 12 \\ \hline \end{array}$$

6

$$\begin{array}{r} 3961 \\ \times\ \ \ \ 40 \\ \hline \end{array}$$

9

$$\begin{array}{r} 3150 \\ \times\ \ \ \ 89 \\ \hline \end{array}$$

11 문제 중 ◯ 문제 맞았어!

10 5631×27=

11 3519×48=

어제의 기록

어제했던 시간을 표시해봐요!

쿨쿨 잠자기	시간	분
열심히 공부하기	시간	분
즐겁게 책읽기	시간	분
잼있게 놀기	시간	분

오전　오후

7 8 9 10 11 12 1 2 3 4 5 6 7 8 9 10

오늘의 준비

오늘의 할일을 적어봐요!

일어난 시간	시	분	날 씨				
숙 제							
공 부							
준비물							
오늘 꼭! 할일							

오늘의 나와 가장 가까운 답에 O표 하세요!

◆ 오늘의 기분은 어때요?　☐ 좋아요.　☐ 나빠요.　☐ 그냥 그래요.

◆ 아침밥을 먹었나요?　☐ 네.　☐ 아니요.

◆ 친구하고 사이좋게 지내고 있나요?　☐ 네.　☐ 아니요.

◆ 오늘도 힘찬 하루를 보낼 준비 됐나요?　☐ 네.　☐ 아니요.

◆ 오늘은 ☐ 즐거울거 ☐ 슬플거 ☐ 기타(　　) 같아요!

49 나눗셈 연습 (4)

아래 나눗셈의 몫과 나머지를 구하세요.

1

$$12 \overline{)891}$$

4

$$33 \overline{)912}$$

7

$$44 \overline{)289}$$

2

$$21 \overline{)709}$$

5

$$42 \overline{)716}$$

8

$$24 \overline{)618}$$

3

$$27 \overline{)812}$$

6

$$36 \overline{)684}$$

9

$$31 \overline{)879}$$

11 문제 중 ◯ 문제 맞았어!

10 625÷24=

11 726÷36=

어제의 기록

어제했던 시간을 표시해봐요!

쿨쿨 잠자기	시간	분
열심히 공부하기	시간	분
즐겁게 책읽기	시간	분
잼있게 놀기	시간	분

오전　오후

7 8 9 10 11 12 1 2 3 4 5 6 7 8 9 10

오늘의 준비

오늘의 할일을 적어봐요!

일어난 시간	시	분	날 씨				
숙 제							
공 부							
준비물							
오늘 꼭! 할일							

오늘의 나와 가장 가까운 답에 O표 하세요!

◆ 오늘의 기분은 어때요?　☐ 좋아요.　☐ 나빠요.　☐ 그냥 그래요.

◆ 아침밥을 먹었나요?　☐ 네.　☐ 아니요.

◆ 친구하고 사이좋게 지내고 있나요?　☐ 네.　☐ 아니요.

◆ 오늘도 힘찬 하루를 보낼 준비 됐나요?　☐ 네.　☐ 아니요.

◆ 오늘은 ☐ 즐거울거　☐ 슬플거　☐ 기타(　　　) 같아요!

50 이상과 이하

이상

어떤 수를 포함하여 같거나 큰 수를 "이상"이라 합니다.
5 이상인 자연수는 5,6,7.... 이고, 아래와 같이 나타냅니다.

이하

어떤 수를 포함하여 같거나 더 작은 수를 "이하"라 합니다.
5 이하인 자연수는 1,2,3,4,5 이고, 아래와 같이 나타냅니다.

아래 범위에 해당하는 자연수를 그래프에 나타내고, 수를 적어보세요.

1 6 이상인 수

4 11 이상 18 이하인 수

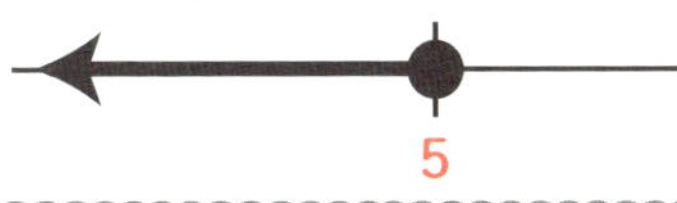

2 3 이하인 수

5 11 부터 20 까지의 수 중
11 이상인 수

3 4 이상 9 이하인 수

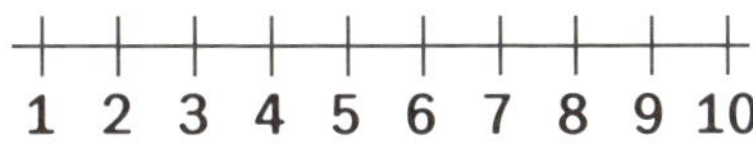

6 11 부터 16 까지의 수 중
15 이하인 수

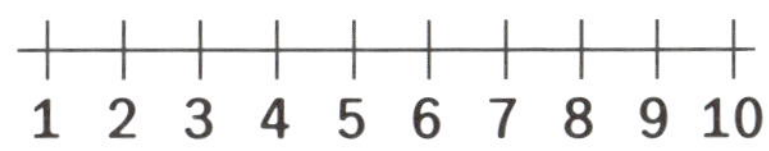

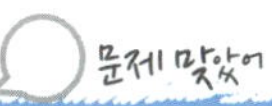

7 28과 같거나 큰 수 (이상)

23 24 25 26 27 28 29 30 31 32

9 68과 같거나 작은수 (이하)

65 66 67 68 69 70 71 72 73 74

8 25부터 30까지의 수 중 27이상인 수

23 24 25 26 27 28 29 30 31 32

10 75부터 82까지의 수 중 80이하인 수

73 74 75 76 77 78 79 80 81 82

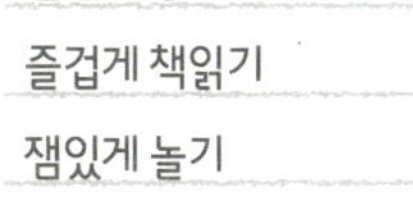 어제의 기록

어제했던 시간을 표시해봐요!

쿨쿨 잠자기	시	분
열심히 공부하기	시간	분
즐겁게 책읽기	시간	분
잼있게 놀기	시간	분

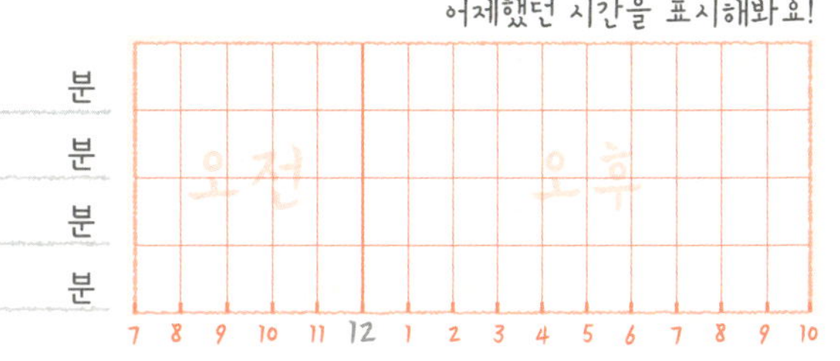

 오늘의 준비

오늘의 할일을 적어봐요!

일어난 시간	시	분	날 씨	☀	☁	🌧	⛄
숙 제							
공 부							
준비물							
오늘 꼭! 할 일							

51 초과와 미만

소리내 읽기

초과

어떤 수를 포함하지 않고 더 큰 수를 "초과"라 합니다.
5 초과인 자연수는 6,7.... 이고, 아래와 같이 나타냅니다.(기준의 수가 없습니다.)

5

미만

어떤 수를 포함하지 않고 더 작은 수를 "미만"이라 합니다.
5 이하인 자연수는 1,2,3,4 이고, 아래와 같이 나타냅니다.(기준의 수가 없습니다.)

5

소리내 풀기

아래 범위에 해당하는 자연수를 그래프에 나타내고, 수를 적어보세요.

1 6 초과인 수

4 11 초과 18 미만인 수

2 3 미만인 수

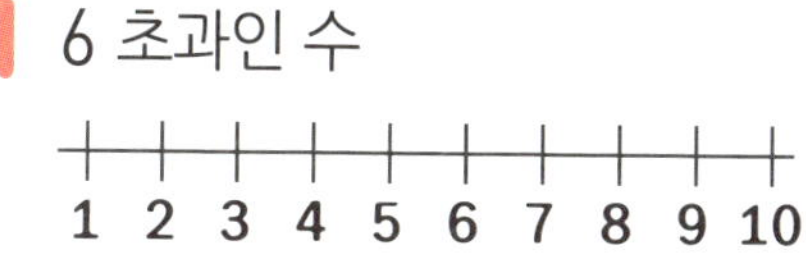

5 11 부터 20 까지의 수 중 11 초과인 수

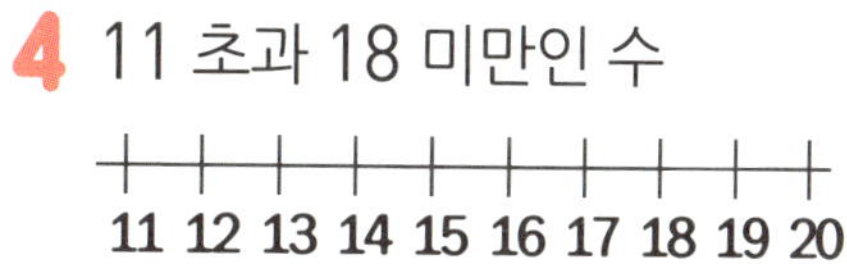

3 4 초과 9 미만인 수

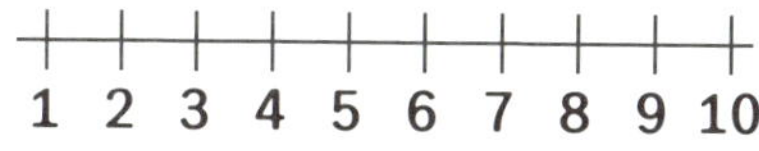

6 11 부터 16 까지의 수 중 15 미만인 수

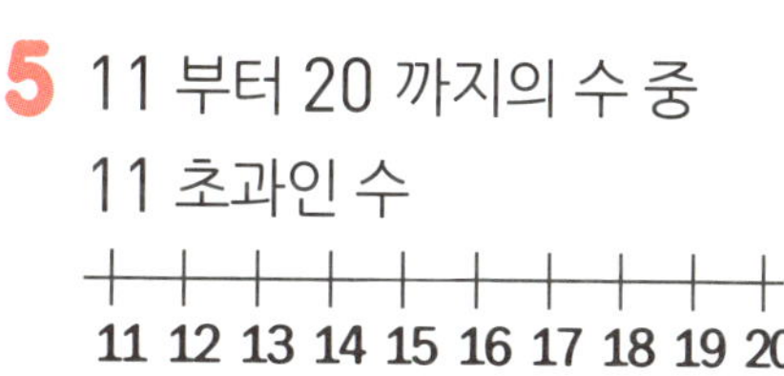

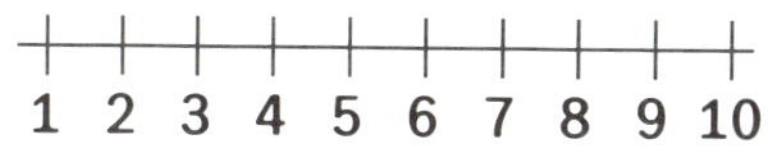

10 문제 중 ◯ 문제 맞았기!

7 28을 포함하지 않는 더 큰수

23 24 25 26 27 28 29 30 31 32

9 68을 포함하지 않는 더 작은수

65 66 67 68 69 70 71 72 73 74

8 25 부터 30 까지의 수 중 27 초과인 수

23 24 25 26 27 28 29 30 31 32

10 75 부터 82 까지의 수 중 80 미만인 수

73 74 75 76 77 78 79 80 81 82

 어제의 기록

어제했던 시간을 표시해봐요!

쿨쿨 잠자기	시	분
열심히 공부하기	시간	분
즐겁게 책읽기	시간	분
잼있게 놀기	시간	분

오전　오후

7 8 9 10 11 12 1 2 3 4 5 6 7 8 9 10

 오늘의 준비

오늘의 할일을 적어봐요!

일어난 시간	시	분	날 씨				
숙 제							
공 부							
준비물							
오늘 꼭! 할일							

52 수의 범위

아래 범위에 해당하는 자연수를 그래프에 나타내고, 수를 적어보세요.

1 2 초과 7 미만인 수

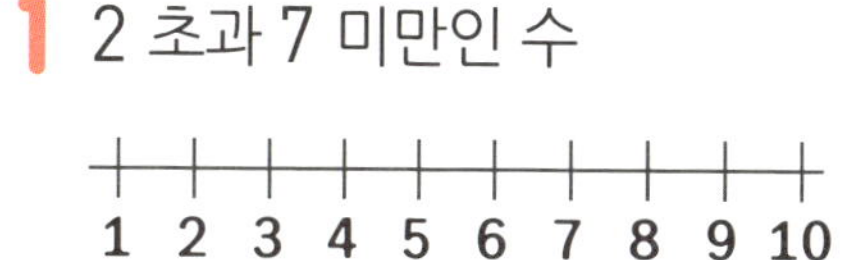

5 16 초과 19 이하인 수

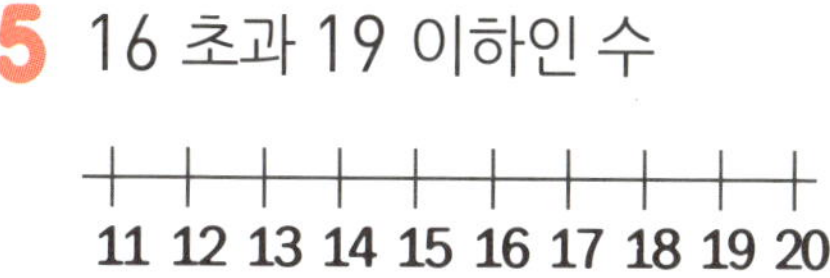

2 2 이상 7 이하인 수

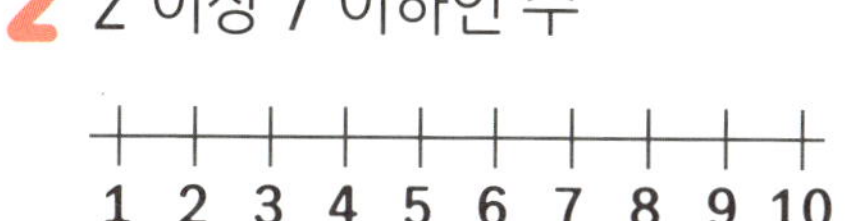

6 15 이상 20 미만인 수

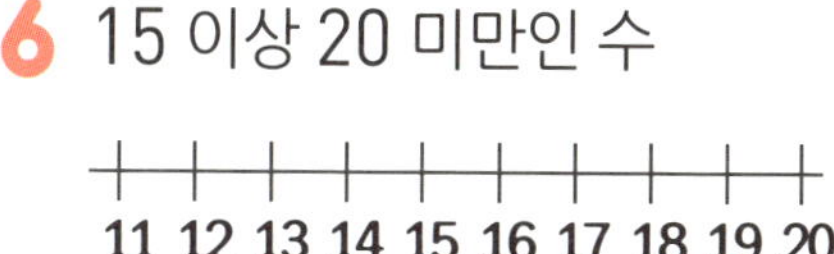

3 3 이상 6 미만인 수

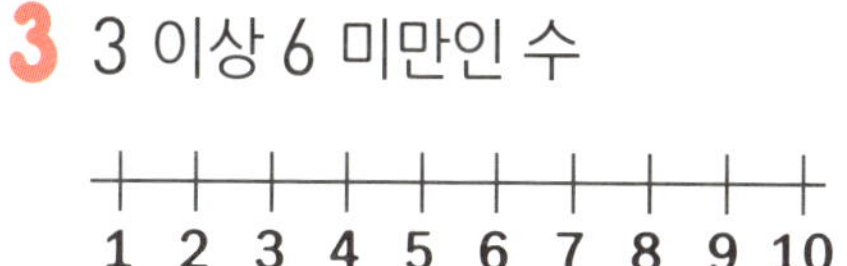

7 14 초과 18 미만인 수

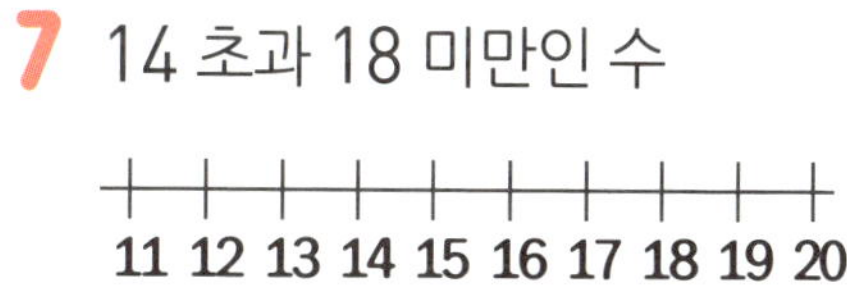

4 3 초과 6 이하인 수

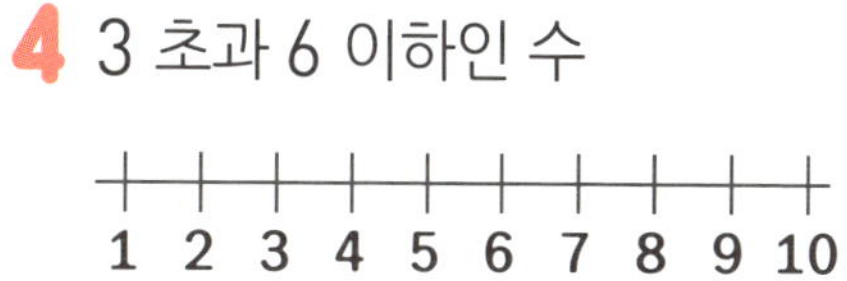

8 15 이상 18 이하인 수

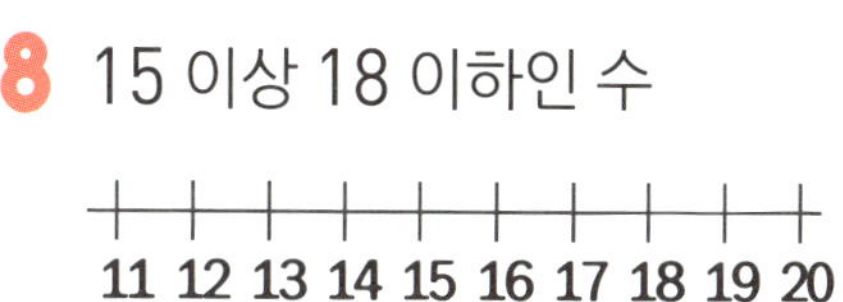

12 문제 중 ◯ 문제 맞았어!

9 25 이상 28 미만인 수

23 24 25 26 27 28 29 30 31 32

11 68보다 크고 71보다 작은수

65 66 67 68 69 70 71 72 73 74

10 24 보다 더 큰 수 중 27 이하인 수

23 24 25 26 27 28 29 30 31 32

12 75 이상부터 82 이하까지의 수 중 80 미만인 수

73 74 75 76 77 78 79 80 81 82

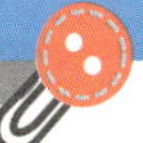

어제의 기록

어제했던 시간을 표시해봐요!

쿨쿨 잠자기	시	분
열심히 공부하기	시간	분
즐겁게 책읽기	시간	분
잼있게 놀기	시간	분

오전 오후

7 8 9 10 11 12 1 2 3 4 5 6 7 8 9 10

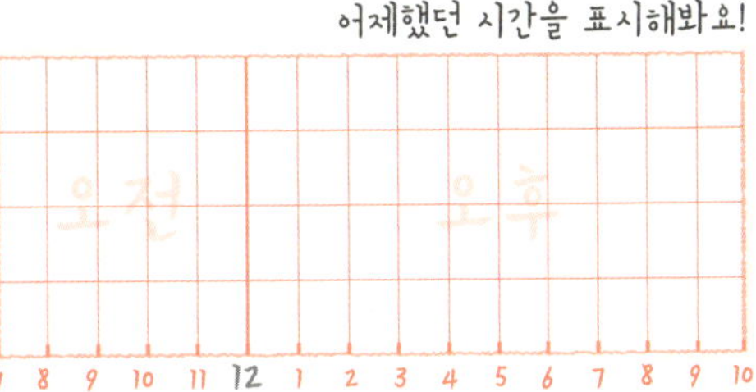

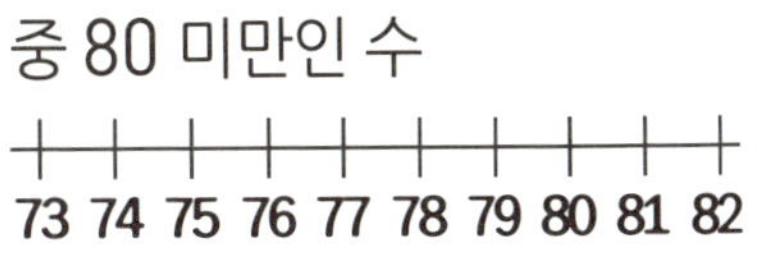

오늘의 준비

오늘의 할일을 적어봐요!

일어난 시간	시 분	날씨	
숙제			
공부			
준비물			
오늘 꼭! 할 일			

53 올림과 버림

올림

구하려는 자리의 아래 수를 올려서 나타내는 방법

올림하여 십의자리까지 나타내기(일의자리에서 올림)

247 ➡ 250   371 ➡ 380   240 ➡ 240

올림하여 백의자리까지 나타내기(십의자리에서 올림)

247 ➡ 300   1241 ➡ 1300   1001 ➡ 1100

구하려는 수의 아래 수가 1이라도 있으면 **1**올려주고, 아래는 모두 0을 씁니다.

버림

구하려는 자리의 아래 수를 버려서 나타내는 방법

버림하여 십의자리까지 나타내기(일의자리까지 버림)

247 ➡ 240   371 ➡ 370   240 ➡ 240

버림하여 백의자리까지 나타내기(십의자리까지 버림)

247 ➡ 200   1241 ➡ 1200   1001 ➡ 1000

구하려는 수의 아래 수에 어떤 수가 있더라도 **모두 버리고**, 버린자리는 모두 **0**을 씁니다.

아래 수를 ( )에서 물은 대로 구하세요.

1 1725 (일의 자리에서 올림)

6 1725 (일의 자리에서 버림)

2 1725 (십의 자리에서 올림)

7 1725 (십의 자리에서 버림)

3 1230 (십의 자리를 올림)

8 1230 (버림하여 십의 자리로)

4 1230 (올림하여 십의 자리로)

9 1230 (버림하여 백의 자리로)

5 3256 (올림하여 백의 자리로)

10 3256 (백의 자리에서 버림)

수	올림하여 십의 자리로 나타내세요	버림하여 십의 자리로 나타내세요	올림하여 천의 자리까지 나타내세요
1505	11	14	17
4053	12	15	18
3278	13	16	19

어제의 기록

어제했던 시간을 표시해봐요!

쿨쿨 잠자기	시	분
열심히 공부하기	시간	분
즐겁게 책읽기	시간	분
잼있게 놀기	시간	분

오전　오후

7 8 9 10 11 12 1 2 3 4 5 6 7 8 9 10

오늘의 준비

오늘의 할일을 적어봐요!

일어난 시간	시	분	날씨	☀ ⛅ 🌧 ⛄
숙 제				
공 부				
준비물				
오늘 꼭! 할일				

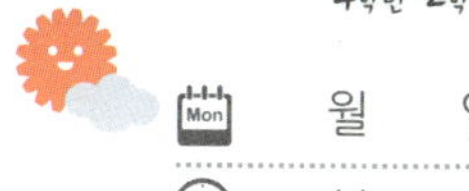

54 반올림

반올림

구하려는 자리의 한 자리 아래 숫자가 0,1,2,3,4이면 0으로 하고 5,6,7,8,9이면 10으로 하는 방법

5를 기준으로 0,1,2,3,4이면 버림, 5,6,7,8,9이면 올림해줍니다.
10의 반(5)을 기준으로 올리거나 버린다고 해서 반올림이라고 합니다.

반올림하여 십의자리까지 나타내기(일의자리에서 반올림)

247 ➡ 250   371 ➡ 370   255 ➡ 260

반올림하여 백의자리까지 나타내기(십의자리에서 반올림)

247 ➡ 200   371 ➡ 400   255 ➡ 300

십의 자리에서 반올림하여 450인 수는
445이상 454 이하인 수, 444 초과 456 미만,...등으로 나타낼 수 있습니다.

아래 수를 반올림하여 빈칸에 알맞은 수를 적으세요.

수	일의 자리에서 반올림하세요	반올림하여 백의 자리까지 나타내세요	백의자리를 반올림하여 천의 자리까지 나타내세요
1526	1	6	11
4753	2	7	12
3278	3	8	13
15305	4	9	14
22057	5	10	15

24 문제 중 ◯ 문제 맞았어!

수	버림하여 백의 자리까지 나타내세요	올림하여 백의 자리까지 나타내세요	반올림하여 백의 자리까지 나타내세요
1505	16	19	22
4053	17	20	23
3278	18	21	24

어제의 기록

어제했던 시간을 표시해봐요!

쿨쿨 잠자기	시	분
열심히 공부하기	시간	분
즐겁게 책읽기	시간	분
잼있게 놀기	시간	분

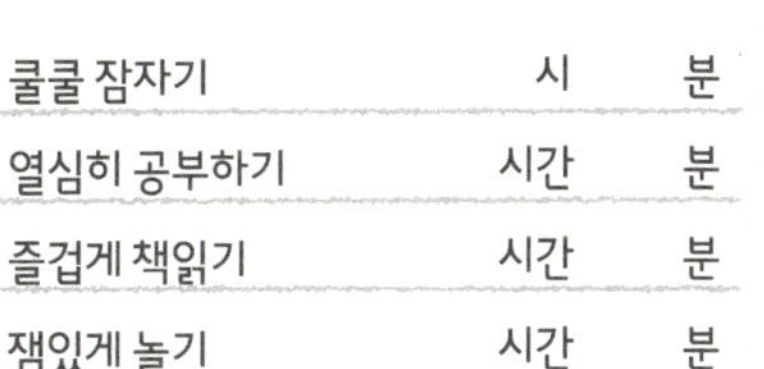

오늘의 준비

오늘의 할일을 적어봐요!

일어난 시간	시	분	날씨	
숙제				
공부				
준비물				
오늘 꼭! 할일				

55 분수의 계산 (연습4)

아래 문제를 풀어보세요.

1 $\dfrac{2}{4} + \dfrac{1}{4} =$

2 $\dfrac{7}{9} + \dfrac{6}{9} =$

3 $\dfrac{8}{12} - \dfrac{4}{12} =$

4 $\dfrac{13}{15} - \dfrac{8}{15} =$

5 $3 - \dfrac{5}{20} =$

6 $2\dfrac{1}{8} + 1\dfrac{3}{8} =$

7 $3\dfrac{5}{16} + 2\dfrac{7}{16} =$

8 $4\dfrac{3}{21} - 1\dfrac{2}{21} =$

9 $5\dfrac{8}{23} - 1\dfrac{11}{23} =$

10 $5 - 2\dfrac{3}{19} =$

16 문제 중 ○ 문제 맞았어!

11 $4\frac{7}{18}+1\frac{8}{18}=$

14 $3\frac{11}{31}+1\frac{17}{31}=$

12 $5\frac{9}{17}-2\frac{11}{17}=$

15 $4\frac{3}{34}-\frac{18}{34}=$

13 $3\frac{1}{26}-\frac{15}{26}=$

16 $2\frac{4}{39}-1\frac{12}{39}=$

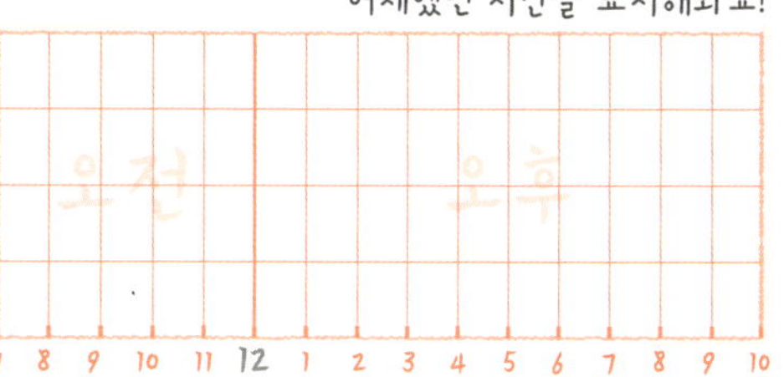 어제의 기록

어제했던 시간을 표시해봐요!

쿨쿨 잠자기	시	분
열심히 공부하기	시간	분
즐겁게 책읽기	시간	분
잼있게 놀기	시간	분

 오늘의 준비

오늘의 할일을 적어봐요!

일어난 시간	시	분	날씨				
숙제							
공부							
준비물							
오늘 꼭! 할일							

아래 문제를 풀어보세요.

1 $\dfrac{5}{6} + \dfrac{3}{6} =$

2 $\dfrac{17}{21} + \dfrac{16}{21} =$

3 $3\dfrac{8}{14} + \dfrac{3}{14} =$

4 $\dfrac{17}{19} + 4\dfrac{6}{19} =$

5 $5 \quad + 4\dfrac{5}{21} =$

6 $\dfrac{5}{7} - \dfrac{3}{7} =$

7 $7\dfrac{8}{16} - \dfrac{7}{16} =$

8 $5\dfrac{10}{23} - 2\dfrac{21}{23} =$

9 $4\dfrac{9}{12} - 3 \quad =$

10 $6 \quad - 1\dfrac{2}{24} =$

16 문제중 ◯ 문제 맞았어!

11 $2\dfrac{5}{6}+3\dfrac{5}{6}=$

14 $3\dfrac{6}{12}+2\dfrac{9}{12}=$

12 $4\dfrac{1}{18}-1\dfrac{16}{18}=$

15 $1\dfrac{25}{37}-\dfrac{8}{37}=$

13 $5\dfrac{13}{26}-2\dfrac{21}{26}=$

16 $4\dfrac{37}{45}-2\dfrac{19}{45}=$

어제의 기록

어제했던 시간을 표시해봐요!

쿨쿨 잠자기	시	분
열심히 공부하기	시간	분
즐겁게 책읽기	시간	분
잼있게 놀기	시간	분

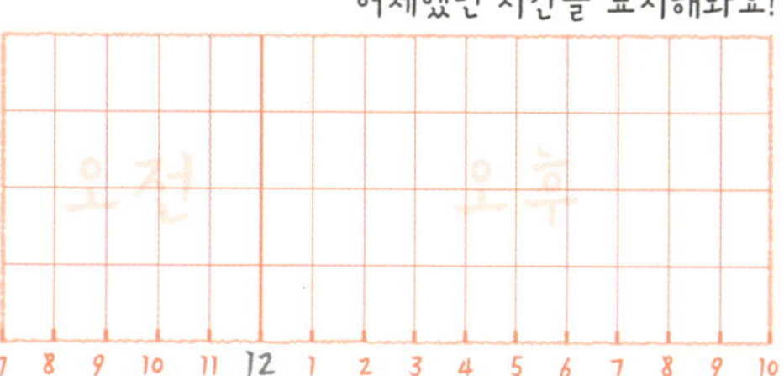

오늘의 준비

오늘의 할일을 적어봐요!

일어난 시간	시	분	날 씨				
숙제							
공부							
준비물							
오늘꼭! 할일							

57 소수의 계산 (연습1)

아래 문제를 계산해 보세요.

1
$$
\begin{array}{r}
1\,2.8 \\
+\ \ 5.6 \\
\hline
\end{array}
$$

2
$$
\begin{array}{r}
0.2\,5 \\
+0.3\,4 \\
\hline
\end{array}
$$

3
$$
\begin{array}{r}
1.6\,8 \\
-0.1\,3 \\
\hline
\end{array}
$$

4
$$
\begin{array}{r}
3.4\,5 \\
-0.6\,7 \\
\hline
\end{array}
$$

5
$$
\begin{array}{r}
1\,3.4 \\
+\ \ 9.6\,5 \\
\hline
\end{array}
$$

6
$$
\begin{array}{r}
2\,3.5\,6 \\
+\ \ 7.8\,6 \\
\hline
\end{array}
$$

7
$$
\begin{array}{r}
4\,1.5 \\
-2\,5.6\,2 \\
\hline
\end{array}
$$

8
$$
\begin{array}{r}
7 \\
-3.6\,2\,1 \\
\hline
\end{array}
$$

9
$$
\begin{array}{r}
3.5\,2\,9 \\
+1.6\,7\,3 \\
\hline
\end{array}
$$

10
$$
\begin{array}{r}
2.5\,7\,5 \\
+4.0\,6\,8 \\
\hline
\end{array}
$$

11
$$
\begin{array}{r}
5.6\,3\,6 \\
-1.7\,6\,3 \\
\hline
\end{array}
$$

12
$$
\begin{array}{r}
5.2\,1\,4 \\
-3.3\,4\,7 \\
\hline
\end{array}
$$

16문제 중 ◯문제 맞았어!

13 $4.25+3.724=$

15 $1.562+2.179=$

14 $5.239-2.784=$

16 $12.45-8.876=$

 ## 어제의 기록

어제했던 시간을 표시해봐요!

쿨쿨 잠자기	시	분
열심히 공부하기	시간	분
즐겁게 책읽기	시간	분
잼있게 놀기	시간	분

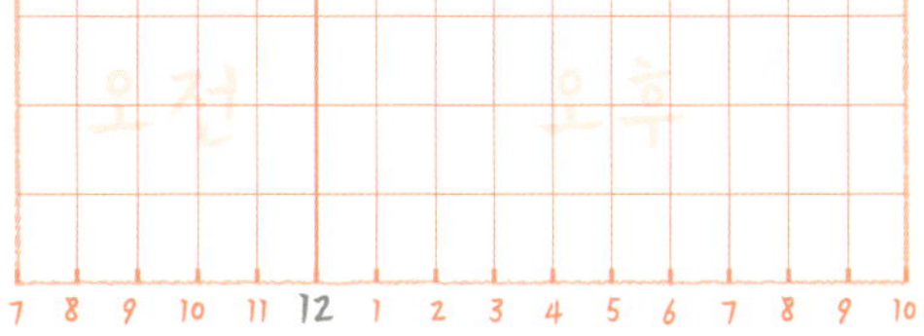

7 8 9 10 11 12 1 2 3 4 5 6 7 8 9 10

 ## 오늘의 준비

오늘의 할일을 적어봐요!

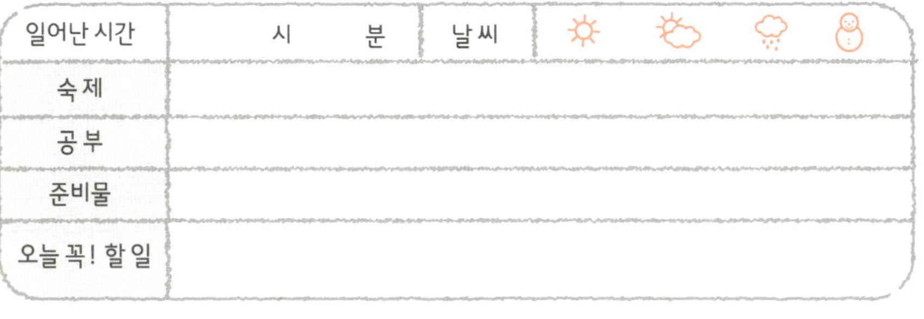

일어난 시간	시	분	날씨				
숙제							
공부							
준비물							
오늘 꼭! 할일							

58 소수의 계산 (연습2)

소리내
풀기

아래 문제를 계산해 보세요.

1
$$\begin{array}{r} 43.5 \\ +\ \ 8.7 \\ \hline \end{array}$$

5
$$\begin{array}{r} 21.76 \\ +\ \ 9.5 \\ \hline \end{array}$$

9
$$\begin{array}{r} 8.118 \\ +0.641 \\ \hline \end{array}$$

2
$$\begin{array}{r} 3.8 \\ +0.61 \\ \hline \end{array}$$

6
$$\begin{array}{r} 13.95 \\ +\ \ 6.56 \\ \hline \end{array}$$

10
$$\begin{array}{r} 7.321 \\ +4.582 \\ \hline \end{array}$$

3
$$\begin{array}{r} 4.56 \\ -0.97 \\ \hline \end{array}$$

7
$$\begin{array}{r} 66.66 \\ -\ \ 6.67 \\ \hline \end{array}$$

11
$$\begin{array}{r} 8.306 \\ -0.627 \\ \hline \end{array}$$

4
$$\begin{array}{r} 8.38 \\ -5.69 \\ \hline \end{array}$$

8
$$\begin{array}{r} 5.01 \\ -3.893 \\ \hline \end{array}$$

12
$$\begin{array}{r} 7.034 \\ -2.158 \\ \hline \end{array}$$

16 문제 중 ◯ 문제 맞았어!

13 $4.765+3.856=$

15 $12.49+4.687=$

14 $8.452-4.753=$

16 $24.24-19.761=$

 어제의 기록

어제했던 시간을 표시해봐요!

쿨쿨 잠자기	시	분
열심히 공부하기	시간	분
즐겁게 책읽기	시간	분
잼있게 놀기	시간	분

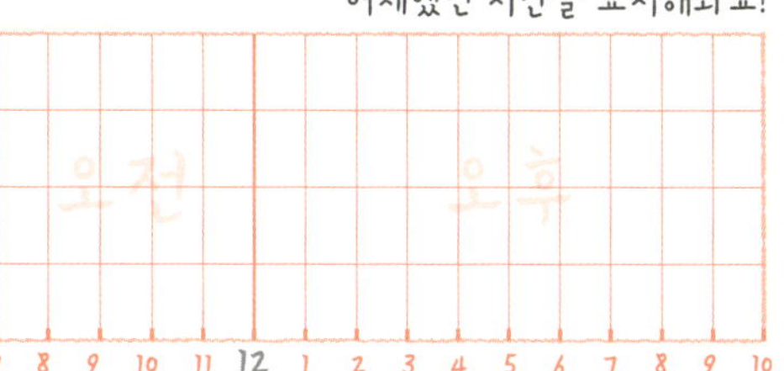

 오늘의 준비

오늘의 할일을 적어봐요!

일어난 시간	시	분	날 씨				
숙 제							
공 부							
준비물							
오늘 꼭! 할일							

59 곱셈 연습(5)

아래 문제를 계산해 보세요.

1
```
  2 1 3 9
×     2 7
```

2
```
  3 6 5 1
×     3 5
```

3
```
  5 1 6 3
×     4 2
```

4
```
  2 0 6 3
×     7 1
```

5
```
  2 3 6 7
×     6 2
```

6
```
  4 7 0 9
×     9 5
```

7
```
  1 5 7 4
×     8 3
```

8
```
  2 4 9 6
×     5 4
```

9
```
  5 3 7 6
×     8 3
```

11문제 중 ◯문제 맞았어!

10 3712×91=

11 7506×23=

어제의 기록

어제했던 시간을 표시해봐요!

쿨쿨 잠자기	시간	분
열심히 공부하기	시간	분
즐겁게 책읽기	시간	분
잼있게 놀기	시간	분

오전　오후

7 8 9 10 11 12 1 2 3 4 5 6 7 8 9 10

오늘의 준비

오늘의 할일을 적어봐요!

일어난 시간	시	분	날 씨				
숙 제							
공 부							
준비물							
오늘 꼭! 할 일							

오늘의 나와 가장 가까운 답에 O표 하세요!

◆ 오늘의 기분은 어때요?　☐ 좋아요.　☐ 나빠요.　☐ 그냥 그래요.

◆ 아침밥을 먹었나요?　☐ 네.　☐ 아니요.

◆ 친구하고 사이좋게 지내고 있나요?　☐ 네.　☐ 아니요.

◆ 오늘도 힘찬 하루를 보낼 준비 됐나요?　☐ 네.　☐ 아니요.

◆ 오늘은　☐ 즐거울거　☐ 슬플거　☐ 기타(　　) 같아요!

60 나눗셈 연습(5)

아래 나눗셈의 몫과 나머지를 구하세요.

1

51)465

4

26)876

7

23)517

2

27)653

5

86)613

8

73)931

3

18)496

6

53)857

9

88)986

11문제 중 　문제 맞았어!

10 $514 \div 12 =$

11 $927 \div 23 =$

어제의 기록

어제했던 시간을 표시해봐요!

쿨쿨 잠자기	시간	분
열심히 공부하기	시간	분
즐겁게 책읽기	시간	분
잼있게 놀기	시간	분

오전 / 오후

7 8 9 10 11 12 1 2 3 4 5 6 7 8 9 10

오늘의 준비

오늘의 할일을 적어봐요!

일어난 시간	시	분	날씨				
숙제							
공부							
준비물							
오늘 꼭! 할일							

오늘의 나와 가장 가까운 답에 O표 하세요!

+ 오늘의 기분은 어때요?　　□ 좋아요.　□ 나빠요.　□ 그냥 그래요.

+ 아침밥을 먹었나요?　　□ 네.　□ 아니요.

+ 친구하고 사이좋게 지내고 있나요?　　□ 네.　□ 아니요.

+ 오늘도 힘찬 하루를 보낼 준비 됐나요?　　□ 네.　□ 아니요.

+ 오늘은 □ 즐거울거　□ 슬플거　□ 기타(　　) 같아요!

아래 문제를 풀어보세요.

1 $\dfrac{3}{5} + \dfrac{2}{5} =$

2 $\dfrac{5}{7} + \dfrac{4}{7} =$

3 $\dfrac{8}{17} + \dfrac{4}{17} =$

4 $\dfrac{7}{9} - \dfrac{2}{9} =$

5 $\dfrac{11}{15} - \dfrac{7}{15} =$

6 $2 - \dfrac{4}{15} =$

7 $2\dfrac{1}{6} + 1\dfrac{3}{6} =$

8 $3\dfrac{11}{15} + 2\dfrac{14}{15} =$

9 $4\dfrac{17}{19} + 1\dfrac{2}{19} =$

10 $5\dfrac{7}{8} - 1\dfrac{2}{8} =$

11 $3\dfrac{9}{16} - 1\dfrac{11}{16} =$

12 $3 - 2\dfrac{13}{18} =$

연습2 분수의 계산

아래를 계산해 보세요.

소리내 풀기

1. $\dfrac{7}{12} + \dfrac{11}{12} =$

2. $\dfrac{13}{19} + \dfrac{7}{19} =$

3. $\dfrac{19}{25} + \dfrac{16}{25} =$

4. $\dfrac{13}{15} - \dfrac{8}{15} =$

5. $\dfrac{21}{22} - \dfrac{13}{22} =$

6. $2 - \dfrac{19}{28} =$

7. $2\dfrac{10}{13} + 1\dfrac{3}{13} =$

8. $3\dfrac{7}{18} + 2\dfrac{17}{18} =$

9. $4\dfrac{13}{27} + 1\dfrac{11}{27} =$

10. $5\dfrac{15}{16} - 1\dfrac{7}{16} =$

11. $3\dfrac{19}{21} - 1\dfrac{13}{21} =$

12. $3 - 2\dfrac{17}{26} =$

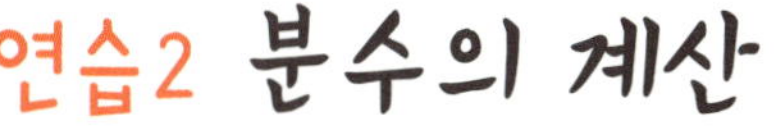

연습3 소수의 계산

아래를 계산해 보세요.

1
```
  2 1 . 2
+   6 . 9
```

2
```
  0 . 7 3
+ 0 . 2 8
```

3
```
  3 . 2 1
- 0 . 9 2
```

4
```
  5 . 6 3
- 0 . 6 7
```

5
```
  1 . 2 5
- 0 . 3 9
```

6
```
  3 6 . 8
+   5 . 7 2
```

7
```
  2 4 . 6 7
+   8 . 9 5
```

8
```
  4 0 . 4
- 1 1 . 5 9
```

9
```
  8
- 3 . 6 2 1
```

10
```
  2 3 . 5 6
-   9 . 6 9
```

11
```
  5 . 9 6 4
+ 6 . 7 4 9
```

12
```
  7 . 2 0 9
+ 4 . 8 9 2
```

13
```
  6 . 3 0 7
- 1 . 6 5 9
```

14
```
  7 . 0 0 3
- 2 . 2 1 5
```

15
```
  8 . 4 1 7
- 3 . 1 2 9
```

15 문제 중 ◯ 문제 맞았어!

연습4 소수의 계산

아래를 계산해 보세요.

1.
$$31.7 + 9.6$$

2.
$$0.82 + 0.19$$

3.
$$5.43 - 2.57$$

4.
$$3.57 - 0.88$$

5.
$$2.72 - 0.8$$

6.
$$56.4 + 7.73$$

7.
$$65.21 + 7.35$$

8.
$$32.6 - 19.81$$

9.
$$5 - 2.192$$

10.
$$42.17 - 13.58$$

11.
$$4.295 + 3.909$$

12.
$$6.823 + 4.796$$

13.
$$5.104 - 1.145$$

14.
$$7.001 - 1.004$$

15.
$$6.666 - 0.999$$

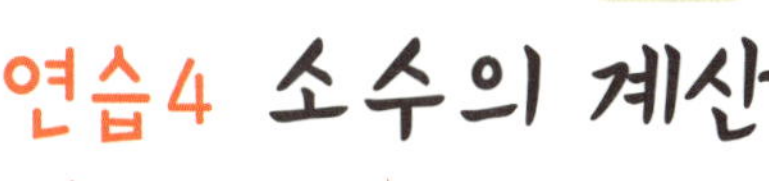

아래 곱셈을 계산하세요.

1
```
  1 2 4 7
×     5 6
```

4
```
  3 1 8 2
×     1 9
```

7
```
  6 7 1 9
×     6 5
```

2
```
  2 7 3 6
×     4 8
```

5
```
  4 0 0 7
×     9 7
```

8
```
  7 2 0 0
×     7 5
```

3
```
  4 1 0 9
×     2 7
```

6
```
  5 3 2 6
×     8 3
```

9
```
  8 9 1 2
×     5 9
```

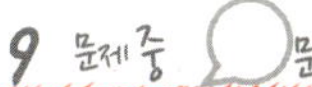

9 문제 중 ◯ 문제 맞았어!

연습6 곱셈 연습

아래 곱셈을 계산하세요.

1
$$
\begin{array}{r}
1962 \\
\times\ \ 31 \\
\hline
\end{array}
$$

4
$$
\begin{array}{r}
3816 \\
\times\ \ 45 \\
\hline
\end{array}
$$

7
$$
\begin{array}{r}
2371 \\
\times\ \ 60 \\
\hline
\end{array}
$$

2
$$
\begin{array}{r}
9107 \\
\times\ \ 14 \\
\hline
\end{array}
$$

5
$$
\begin{array}{r}
4750 \\
\times\ \ 63 \\
\hline
\end{array}
$$

8
$$
\begin{array}{r}
5643 \\
\times\ \ 97 \\
\hline
\end{array}
$$

3
$$
\begin{array}{r}
7834 \\
\times\ \ 26 \\
\hline
\end{array}
$$

6
$$
\begin{array}{r}
8245 \\
\times\ \ 72 \\
\hline
\end{array}
$$

9
$$
\begin{array}{r}
6429 \\
\times\ \ 89 \\
\hline
\end{array}
$$

9 문제 중 ◯ 문제 맞았어!

아래 나눗셈의 몫과 나머지를 구하세요.

1

23)562

4

26)610

7

15)592

10

21)497

2

31)753

5

18)531

8

28)689

11

36)915

3

19)428

6

34)796

9

12)723

12

13)862

12 문제 중 　문제 맞았어!

연습8 나눗셈 연습

소리내 풀기

아래 나눗셈의 몫과 나머지를 구하세요.

1 $43\overline{)962}$

4 $66\overline{)910}$

7 $85\overline{)990}$

10 $61\overline{)827}$

2 $51\overline{)853}$

5 $28\overline{)731}$

8 $58\overline{)881}$

11 $46\overline{)958}$

3 $29\overline{)628}$

6 $64\overline{)896}$

9 $72\overline{)963}$

12 $31\overline{)871}$

01
① 2,1,3 ② 2,3 ③ $\frac{5}{7}$ ④ $\frac{5}{8}$ ⑤ $\frac{5}{6}$ ⑥ $\frac{6}{12}$ ⑦ $\frac{7}{10}$
⑧ $\frac{6}{9}$ ⑨ $\frac{22}{25}$ ⑩ $\frac{25}{27}$ ⑪ $\frac{4}{6}$ ⑫ $\frac{7}{9}$ ⑬ $\frac{9}{11}$ ⑭ $\frac{10}{17}$
⑮ $\frac{21}{24}$ ⑯ $\frac{31}{35}$ ⑰ $\frac{44}{52}$ ⑱ $\frac{65}{99}$

02
① 3,2,5,1,1 ② 6,9,1,3 ③ $1\frac{1}{7}$ ④ $1\frac{3}{8}$ ⑤ $1\frac{3}{5}$
⑥ $1\frac{6}{9}$ ⑦ $1\frac{11}{17}$ ⑧ $1\frac{8}{26}$ ⑨ $1\frac{3}{6}$ ⑩ $1\frac{6}{9}$ ⑪ $1\frac{4}{11}$
⑫ $1\frac{8}{17}$ ⑬ $1\frac{14}{24}$ ⑭ $1\frac{7}{35}$ ⑮ $1\frac{11}{52}$ ⑯ $1\frac{26}{99}$

03
① $\frac{2}{3}$ ② $\frac{3}{4}$ ③ $\frac{3}{5}$ ④ $\frac{5}{8}$ ⑤ $\frac{7}{11}$ ⑥ $\frac{23}{27}$ ⑦ $\frac{31}{35}$
⑧ $1\frac{1}{3}$ ⑨ $1\frac{1}{4}$ ⑩ $1\frac{2}{5}$ ⑪ $1\frac{2}{8}$ ⑫ $1\frac{2}{11}$ ⑬ $1\frac{14}{27}$
⑭ $1\frac{10}{35}$ ⑮ $\frac{4}{9}$ ⑯ $\frac{7}{12}$ ⑰ $\frac{8}{18}$ ⑱ $\frac{14}{19}$ ⑲ $1\frac{14}{24}$
⑳ $1\frac{11}{35}$ ㉑ $1\frac{19}{52}$ ㉒ $1\frac{25}{90}$

04
① 2,1,2,1,3,3 ② 1,3,2,1,4,3 ③ $3\frac{5}{7}$ ④ $5\frac{5}{8}$
⑤ $4\frac{4}{6}$ ⑥ $7\frac{4}{9}$ ⑦ $5\frac{7}{15}$ ⑧ $4\frac{3}{27}$ ⑨ $3\frac{4}{8}$ ⑩ $3\frac{5}{6}$
⑪ $5\frac{4}{16}$ ⑫ $6\frac{5}{37}$ ⑬ $6\frac{5}{12}$ ⑭ $6\frac{1}{15}$ ⑮ $4\frac{9}{20}$ ⑯ $4\frac{6}{25}$

05
① 2,1,3,1,3,4 ② 13,6,19,3,4 ③ $3\frac{3}{7}$ ④ $5\frac{7}{8}$
⑤ $4\frac{4}{6}$ ⑥ $4\frac{3}{9}$ ⑦ $1\frac{13}{15}$ ⑧ $1\frac{16}{27}$ ⑨ $3\frac{7}{8}$ ⑩ $3\frac{4}{6}$
⑪ $5\frac{3}{17}$ ⑫ $3\frac{7}{29}$ ⑬ $6\frac{1}{7}$ ⑭ $6\frac{5}{16}$ ⑮ $4\frac{18}{25}$ ⑯ $2\frac{11}{30}$

06
① $1\frac{3}{6}$ ② $4\frac{7}{9}$ ③ $3\frac{1}{4}$ ④ $4\frac{2}{5}$ ⑤ 4 ⑥ $4\frac{1}{11}$
⑦ $2\frac{12}{16}$ ⑧ $5\frac{12}{14}$ ⑨ $3\frac{12}{18}$ ⑩ $6\frac{12}{20}$ ⑪ $2\frac{7}{8}$ ⑫ $4\frac{5}{6}$
⑬ $4\frac{3}{17}$ ⑭ $6\frac{3}{29}$ ⑮ $3\frac{1}{7}$ ⑯ $4\frac{2}{9}$ ⑰ $4\frac{14}{30}$ ⑱ $1\frac{41}{45}$

07
① 4,1,3 ② 3,1 ③ $\frac{3}{7}$ ④ $\frac{2}{8}$ ⑤ $\frac{3}{6}$ ⑥ $\frac{4}{12}$
⑦ $\frac{3}{10}$ ⑧ $\frac{4}{9}$ ⑨ $\frac{9}{25}$ ⑩ $\frac{9}{27}$ ⑪ $\frac{1}{6}$ ⑫ $\frac{2}{9}$ ⑬ $\frac{1}{11}$
⑭ $\frac{6}{17}$ ⑮ $\frac{7}{24}$ ⑯ $\frac{8}{35}$ ⑰ $\frac{6}{52}$ ⑱ $\frac{7}{99}$

08
① 1,4,4,2,1 ② 5,1,3,4 ③ $1\frac{2}{3}$ ④ $\frac{5}{6}$ ⑤ $2\frac{3}{5}$
⑥ $4\frac{4}{9}$ ⑦ $6\frac{1}{8}$ ⑧ $3\frac{4}{7}$ ⑨ $3\frac{4}{7}$ ⑩ $2\frac{4}{9}$ ⑪ $4\frac{11}{15}$
⑫ $9\frac{3}{12}$ ⑬ $5\frac{7}{21}$ ⑭ $7\frac{12}{27}$ ⑮ $9\frac{21}{40}$ ⑯ $8\frac{21}{50}$

09
① $\frac{1}{3}$ ② $\frac{1}{4}$ ③ $\frac{1}{5}$ ④ $\frac{2}{8}$ ⑤ $\frac{4}{11}$ ⑥ $\frac{8}{27}$ ⑦ $\frac{7}{32}$
⑧ $\frac{1}{3}$ ⑨ $1\frac{1}{4}$ ⑩ $2\frac{1}{5}$ ⑪ $6\frac{5}{8}$ ⑫ $7\frac{6}{11}$ ⑬ $18\frac{5}{27}$
⑭ $27\frac{15}{32}$ ⑮ $\frac{2}{5}$ ⑯ $\frac{1}{10}$ ⑰ $\frac{5}{15}$ ⑱ $\frac{7}{20}$ ⑲ $6\frac{4}{5}$
⑳ $17\frac{1}{10}$ ㉑ $19\frac{7}{15}$ ㉒ $96\frac{4}{20}$

10
① 2,1,2,1,1,1 ② 3,1,2,1,2,1 ③ $3\frac{2}{7}$ ④ $1\frac{2}{8}$
⑤ $5\frac{2}{6}$ ⑥ $2\frac{3}{9}$ ⑦ $2\frac{7}{15}$ ⑧ $6\frac{18}{27}$ ⑨ $2\frac{1}{8}$ ⑩ $2\frac{2}{6}$
⑪ $5\frac{2}{16}$ ⑫ $1\frac{1}{37}$ ⑬ $1\frac{2}{12}$ ⑭ $6\frac{5}{15}$ ⑮ $3\frac{8}{20}$ ⑯ $2\frac{6}{25}$

11
① 1,4,2,1,2 ② 3,1,7,4,2,3 ③ $2\frac{4}{7}$ ④ $\frac{4}{8}$
⑤ $1\frac{7}{9}$ ⑥ $1\frac{10}{15}$ ⑦ $1\frac{7}{8}$ ⑧ $1\frac{2}{6}$ ⑨ $\frac{6}{10}$ ⑩ $\frac{9}{12}$
⑪ $5\frac{11}{15}$ ⑫ $1\frac{12}{20}$

12
① $2\frac{2}{4}$ ② 3 ③ $1\frac{1}{5}$ ④ $1\frac{4}{7}$ ⑤ $4\frac{2}{6}$ ⑥ $\frac{2}{3}$
⑦ $1\frac{3}{5}$ ⑧ $1\frac{3}{4}$ ⑨ $1\frac{8}{9}$ ⑩ $3\frac{4}{7}$ ⑪ $3\frac{9}{10}$ ⑫ $1\frac{8}{14}$
⑬ $1\frac{9}{15}$ ⑭ $2\frac{22}{25}$ ⑮ $4\frac{46}{50}$ ⑯ $2\frac{30}{38}$

13
① $\frac{3}{4}$ ② $1\frac{4}{12}$ ③ $\frac{1}{5}$ ④ $\frac{2}{7}$ ⑤ $4\frac{9}{12}$ ⑥ $6\frac{4}{5}$
⑦ $6\frac{4}{8}$ ⑧ $2\frac{1}{4}$ ⑨ $1\frac{4}{7}$ ⑩ $3\frac{2}{7}$ ⑪ $6\frac{2}{13}$ ⑫ $2\frac{16}{18}$
⑬ $1\frac{8}{24}$ ⑭ $5\frac{25}{27}$ ⑮ $4\frac{18}{31}$ ⑯ $2\frac{28}{36}$

채점까지 혼자 스스로 합니다.

4학년 2학기 **정답**

14 ① $\frac{8}{9}$ ② $1\frac{12}{24}$ ③ $\frac{8}{36}$ ④ $\frac{3}{13}$ ⑤ $3\frac{12}{17}$ ⑥ $8\frac{4}{9}$ ⑦ $9\frac{12}{17}$ ⑧ $3\frac{1}{23}$ ⑨ $3\frac{11}{14}$ ⑩ $1\frac{13}{16}$ ⑪ $4\frac{15}{16}$ ⑫ $3\frac{15}{17}$ ⑬ $2\frac{7}{21}$ ⑭ $4\frac{5}{23}$ ⑮ $4\frac{18}{33}$ ⑯ $2\frac{29}{37}$

15 ① $1\frac{1}{7}$ ② $1\frac{4}{9}$ ③ $3\frac{3}{12}$ ④ 4 ⑤ $9\frac{5}{22}$ ⑥ $\frac{4}{9}$ ⑦ $7\frac{1}{17}$ ⑧ $2\frac{13}{23}$ ⑨ $4\frac{9}{16}$ ⑩ $5\frac{16}{18}$ ⑪ $7\frac{2}{8}$ ⑫ $1\frac{6}{12}$ ⑬ $\frac{7}{15}$ ⑭ $6\frac{3}{12}$ ⑮ $5\frac{9}{12}$ ⑯ $1\frac{7}{15}$

16 144p 구구단 참고 ㉖ 5984 ㉗ 12105

17 ① 40…11 ② 22…27 ③ 35…7 ④ 26…2 ⑤ 15…11 ⑥ 26…8 ⑦ 5…19 ⑧ 22…2 ⑨ 27…15 ⑩ 21…15 ⑪ 21…6

18 ① 0.3,영점삼 ② 0.13,영점일삼 ③ 0.324,영점삼이사 ④ 4.504,사점오영사 ⑤ 1 ⑥ 235 ⑦ 3.124 ⑧ 2,1,5 ⑨ 12.25 ⑩ 2.325 ⑪ 32.574 ⑫ 5.107

19 ① 0.3 ② 0.8 ③ 0.5 ④ 0.9 ⑤ 0.9 ⑥ 0.9 ⑦ 0.9 ⑧ 0.8 ⑨ 0.4 ⑩ 0.7 ⑪ 0.7 ⑫ 0.6 ⑬ 0.6 ⑭ 0.8 ⑮ 0.4 ⑯ 0.7 ⑰ 0.9 ⑱ 0.8 ⑲ 0.4 ⑳ 0.7

20 ① 1.1 ② 1.2 ③ 1.5 ④ 1 ⑤ 1.3 ⑥ 1.7 ⑦ 1.3 ⑧ 1.6 ⑨ 1.5 ⑩ 1.3 ⑪ 1.3 ⑫ 1.8 ⑬ 1.1 ⑭ 1.2 ⑮ 1.2 ⑯ 1.2 ⑰ 1.3 ⑱ 1.1 ⑲ 1.6 ⑳ 1.4

21 ① 0.37 ② 0.68 ③ 0.88 ④ 0.79 ⑤ 0.73 ⑥ 0.64 ⑦ 0.95 ⑧ 0.85 ⑨ 0.48 ⑩ 0.79 ⑪ 0.86 ⑫ 0.69 ⑬ 0.57 ⑭ 0.79 ⑮ 0.74 ⑯ 0.77

22 ① 0.84 ② 0.84 ③ 0.63 ④ 1.32 ⑤ 0.33 ⑥ 1.35 ⑦ 1.02 ⑧ 0.93 ⑨ 1.29 ⑩ 1.01 ⑪ 1.33 ⑫ 1.31 ⑬ 1.01 ⑭ 1.01 ⑮ 1.24 ⑯ 0.83

23 ① 5.75 ② 7.78 ③ 6.59 ④ 4.33 ⑤ 6.03 ⑥ 13.35 ⑦ 5.97 ⑧ 3.87 ⑨ 4.19 ⑩ 12.05 ⑪ 5.71 ⑫ 5.91 ⑬ 10.01 ⑭ 16.22 ⑮ 6.23 ⑯ 9.81

24 ① 5.755 ② 6.835 ③ 6.851 ④ 5.202 ⑤ 16.13 ⑥ 5.743 ⑦ 6.028 ⑧ 3.896 ⑨ 7.608 ⑩ 4.758 ⑪ 3.592 ⑫ 7.181 ⑬ 22.35 ⑭ 6.295 ⑮ 6.301

25 ① 16.9 ② 0.75 ③ 0.82 ④ 5.44 ⑤ 27.95 ⑥ 16.78 ⑦ 20.19 ⑧ 6.013 ⑨ 4.878 ⑩ 4.821 ⑪ 8.058 ⑫ 12.213 ⑬ 7.974 ⑭ 8.023 ⑮ 3.741 ⑯ 21.326

26 ① 63.8 ② 1.33 ③ 1.53 ④ 10.07 ⑤ 25.96 ⑥ 22.95 ⑦ 61.05 ⑧ 7.004 ⑨ 0.759 ⑩ 10.209 ⑪ 7.933 ⑫ 8.215 ⑬ 14.121 ⑭ 8.103 ⑮ 3.823 ⑯ 34.03

27 144p 구구단 참고 ㉖ 21775 ㉗ 12096

28 ① 9…6 ② 24…5 ③ 27…10 ④ 33…18 ⑤ 7…11 ⑥ 16…9 ⑦ 22…11 ⑧ 12…55 ⑨ 11…18 ⑩ 15…6 ⑪ 23…10

29 ① 0.1 ② 0.2 ③ 0.1 ④ 0.2 ⑤ 0.1 ⑥ 0.3 ⑦ 0.1 ⑧ 0.1 ⑨ 0.7 ⑩ 0.7 ⑪ 0.3 ⑫ 0.2 ⑬ 0.2 ⑭ 0.5 ⑮ 0.6 ⑯ 0.3 ⑰ 0.1 ⑱ 0.4 ⑲ 0.2 ⑳ 0.7

30 ① 0.9 ② 0.4 ③ 1.9 ④ 1.2 ⑤ 0.4 ⑥ 2.7 ⑦ 0.7 ⑧ 0.8 ⑨ 2.6 ⑩ 0.3 ⑪ 4.5 ⑫ 9.2 ⑬ 0.7 ⑭ 0.7 ⑮ 0.7 ⑯ 0.6 ⑰ 0.8 ⑱ 0.8 ⑲ 1.2 ⑳ 0.5

31 ① 0.14 ② 0.26 ③ 0.24 ④ 0.11 ⑤ 0.36 ⑥ 0.12 ⑦ 0.11 ⑧ 0.31 ⑨ 0.64 ⑩ 0.88 ⑪ 0.22 ⑫ 0.23 ⑬ 0.15 ⑭ 0.61 ⑮ 0.7 ⑯ 0.07

32 ① 0.08 ② 0.57 ③ 0.36 ④ 0.36 ⑤ 0.27 ⑥ 0.05 ⑦ 0.09 ⑧ 0.28 ⑨ 0.19 ⑩ 0.78 ⑪ 0.59 ⑫ 0.27 ⑬ 0.45 ⑭ 0.59 ⑮ 0.19 ⑯ 0.08

33 ① 2.08 ② 1.27 ③ 4.81 ④ 1.56 ⑤ 0.89 ⑥ 1.65 ⑦ 0.09 ⑧ 0.65 ⑨ 0.56 ⑩ 1.89 ⑪ 3.93 ⑫ 2.27 ⑬ 0.56 ⑭ 4.84 ⑮ 0.89 ⑯ 1.07

34 ① 3.069 ② 1.293 ③ 1.561 ④ 1.788 ⑤ 7.77 ⑥ 2.557 ⑦ 2.776 ⑧ 4.61 ⑨ 8.655 ⑩ 2.88 ⑪ 0.587 ⑫ 1.691 ⑬ 1.79 ⑭ 1.639 ⑮ 2.557

35 ① 6.2 ② 0.27 ③ 1.32 ④ 3.78 ⑤ 21.65 ⑥ 2.76 ⑦ 28.81 ⑧ 0.087 ⑨ 1.374 ⑩ 1.675 ⑪ 2.868 ⑫ 4.506 ⑬ 0.526 ⑭ 3.895 ⑮ 2.883 ⑯ 3.574

36 ① 48.6 ② 2.87 ③ 3.59 ④ 2.69 ⑤ 14.76 ⑥ 6.87 ⑦ 50.05 ⑧ 2.216 ⑨ 7.477 ⑩ 2.739 ⑪ 4.679 ⑫ 3.188 ⑬ 1.187 ⑭ 1.391 ⑮ 2.227 ⑯ 4.45

58 ① 52.2 ② 4.41 ③ 3.59 ④ 2.69 ⑤ 31.26 ⑥ 20.51 ⑦ 59.99 ⑧ 1.117 ⑨ 8.759 ⑩ 11.903 ⑪ 7.679 ⑫ 4.876 ⑬ 8.621 ⑭ 3.699 ⑮ 17.177 ⑯ 4.479

59 ① 57753 ② 127785 ③ 216846 ④ 146473 ⑤ 146754 ⑥ 447355 ⑦ 130642 ⑧ 134784 ⑨ 446208 ⑩ 337792 ⑪ 172638

60 ① 9…6 ② 24…5 ③ 27…10 ④ 33…18 ⑤ 7…11 ⑥ 16…9 ⑦ 22…11 ⑧ 12…55 ⑨ 11…18 ⑩ 42…10 ⑪ 40…7

연습1 ① 1 ② $1\frac{2}{7}$ ③ $\frac{12}{17}$ ④ $\frac{5}{9}$ ⑤ $\frac{4}{15}$ ⑥ $1\frac{11}{15}$ ⑦ $3\frac{4}{6}$ ⑧ $6\frac{10}{15}$ ⑨ 6 ⑩ $4\frac{5}{8}$ ⑪ $1\frac{14}{16}$ ⑫ $\frac{5}{18}$

연습2 ① $1\frac{6}{12}$ ② $1\frac{1}{19}$ ③ $1\frac{10}{25}$ ④ $\frac{5}{15}$ ⑤ $\frac{8}{22}$ ⑥ $1\frac{9}{28}$ ⑦ 4 ⑧ $6\frac{6}{18}$ ⑨ $5\frac{24}{27}$ ⑩ $4\frac{8}{16}$ ⑪ $2\frac{6}{21}$ ⑫ $\frac{9}{26}$

연습3 ① 28.1 ② 1.01 ③ 2.29 ④ 4.96 ⑤ 0.86 ⑥ 42.52 ⑦ 33.62 ⑧ 28.81 ⑨ 4.379 ⑩ 13.87 ⑪ 12.713 ⑫ 12.101 ⑬ 4.648 ⑭ 4.788 ⑮ 5.288

연습4 ① 41.3 ② 1.01 ③ 2.86 ④ 2.69 ⑤ 1.92 ⑥ 64.13 ⑦ 72.56 ⑧ 12.79 ⑨ 2.808 ⑩ 28.59 ⑪ 8.204 ⑫ 11.619 ⑬ 3.959 ⑭ 5.997 ⑮ 5.667

연습5 ① 69832 ② 131328 ③ 110943 ④ 60458 ⑤ 388679 ⑥ 442058 ⑦ 436735 ⑧ 540000 ⑨ 525808

연습6 ① 60822 ② 127498 ③ 203684 ④ 171720 ⑤ 299250 ⑥ 593640 ⑦ 142260 ⑧ 547371 ⑨ 572181

연습7 ① 24…10 ② 24…9 ③ 22…10 ④ 23…12 ⑤ 29…9 ⑥ 23…14 ⑦ 39…7 ⑧ 24…17 ⑨ 60…3 ⑩ 23…14 ⑪ 25…15 ⑫ 66…4

연습8 ① 22…16 ② 16…37 ③ 21…19 ④ 13…52 ⑤ 26…3 ⑥ 14…0 ⑦ 11…55 ⑧ 15…11 ⑨ 13…27 ⑩ 13…34 ⑪ 20…38 ⑫ 28…3

[구구단표]

×	2	3	4	5	6	7	8	9
1	2	3	4	5	6	7	8	9
2	4	6	8	10	12	14	16	18
3	6	9	12	15	18	21	24	27
4	8	12	16	20	24	28	32	36
5	10	15	20	25	30	35	40	45
6	12	18	24	30	36	42	48	54
7	14	21	28	35	42	49	56	63
8	16	24	32	40	48	56	64	72
9	18	27	36	45	54	63	72	81

[37일(85p) 곱셈연습 정답]

×	5	7	2	4	3	9	6	8
5	25	35	10	20	15	45	30	40
4	20	28	8	16	12	36	24	32
2	10	14	4	8	6	18	12	16
1	5	7	2	4	3	9	6	8
7	35	49	14	28	21	63	42	56
3	15	21	6	12	9	27	18	24
9	45	63	18	36	27	81	54	72
8	40	56	16	32	24	72	48	64

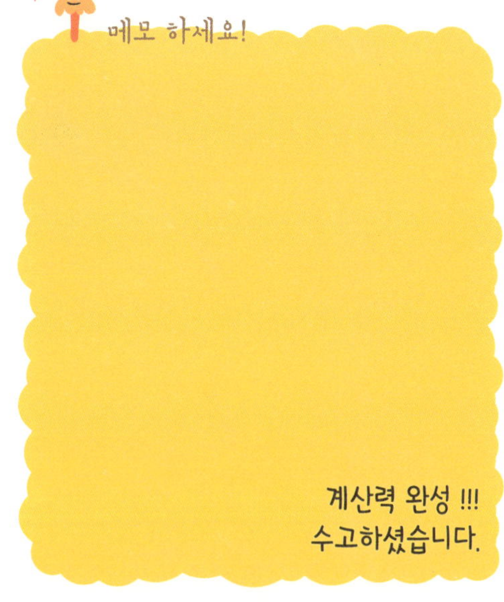

계산력 완성 !!!
수고하셨습니다.